离散的世界

——那个夏天我们一起谈论离散数学

陈卓 编著

湖南科学技术出版社

离散的世界

序

说起来，是在两年前回家过年的时候，我第一次看到这本书。当时，它还是刚打印出来的初稿形式，我还真吃了一惊，老爸是什么时候写的这个东西？我好奇地看着书稿，里面的对话让我回想起多年前，具体说来是我高中毕业在家的那个暑假……

老爸教过多年的离散数学，这个我是知道的。大概也正因为如此，就"离散数学"作为专题，我们一起谈论了一个暑假，虽然美其名曰"谈论"，其实多数时候是他说我听的"授课"形式，中间夹杂一些闲聊。

上大学后我发现他的身体大不如前，颈椎的老毛病好像越来越严重了，平时他老抱怨计算机搞坏了他的脖子，现在，他竟然有心地将我们的对话和当时他发给我的一些"授课"资料整理出一本书来。但不知何故，他把里面对话的两个人的性别做了修改，"父子"变成了"母女"，竟然还给我编了"小文"这么个俗气的名字，亏老爸想得出来。咳，当时我问过他几次为什么要这么写，他都含糊其词，只是说，你现在不是编辑吗？看这个能整成一本书不？然后就跑出去跟一帮朋友打乒乓球去了。

我猜老爸写这本书，可能还是想给那些即将学习离散数学或对计算机知识感兴趣的人提供点帮助吧，他身体又不是很好，我就把整理稿件的任务接了过来。现在，这本书即将正式出版，为慎重起见，我觉得有必要补充一两句话，以此作为本书的序吧。

谈到本书的主要话题"离散数学",它是数学大家庭的一员,它研究的是一些"离散"的对象。大家常说,我们身处一个"信息时代",眼睛盯着计算机屏幕的状态已经成为生活的一部分,电子邮件、QQ消息、视频、图片……都是我们每天接触的信息,这些信息的最小计量单位是"比特",都是以转换成"0"和"1"这种离散的方式存储、处理和传输的。大概也是由于这个原因,物理学家约翰·惠勒说"万物源自比特"。

可以这样说,现代人所离不开的计算机其实处理的都是离散对象,从某个方面讲,计算机科学的数学语言就是离散数学。

不过老爸写的这本小书不是有关离散数学的教科书,我觉得他是想写本普及读物,引起读者对离散数学的兴趣。

阅读对象可以是即将进入计算机以及相关学科学习的大学生或对计算机知识感兴趣的读者;也可以是中学生,希望他们能尽早知道,现代数学还有着更广阔的天地(但愿他们有更多的时间读课外读物,各个方面的,而不是一头扎在题海里,早早失去了对数学的兴趣)。

读本书不用急,闲暇时随意翻翻也行,即便是从任意章节开始,在离散世界的岛屿间跳跃都是可以的。

谈数学,一般都离不开公式和推导,这样做的好处是严谨,但也会让一些人望而生畏,有什么办法让数学变得有趣些呢?

我从小喜欢看一些漫画书,我十分欣赏台湾蔡志忠先生"漫画国学"和韩国李元馥先生"漫画欧洲"系列丛书。后来又喜欢上了法国让·雅克·桑贝的漫画。我想,何不在这本书里画点漫画呢,也许有趣的漫画可以拉近与读者的距离。我把这个想法告诉了老爸,他自己本人也是个老漫画迷,当即表示可以试试。

为了把心中构思的插图用画笔表达出来，我还私下拜师学了一点儿的手绘技巧，一会儿模仿这个，一会儿模仿那个，尝试画了一些插图，但是自感能力有限，最后的效果差强人意，还请读者见谅。

哦，差点忘了跟大家交代，我曾经是计算机专业的学生，后来也是出于个人兴趣，目前是一家计算机杂志的文字编辑，老爸对我的选择也没多说什么。我觉得那个夏天大概是我们在一起聊天最多的时候，现在我们平时各忙各的，交流越来越少了，但说实在的，直到现在，我还经常回想起那个我和爸爸一起谈论离散数学的炎热夏天……

目　录

引　子　　　　　　　　　　　　　　　　　　　　　　1

1 让我们用离散的眼光看这个世界　　　　　　5

把离散的个体聚集起来……　　　　　　　　　　9

直觉有时候不靠谱　　　　　　　　　　　　　　15

希尔伯特旅馆　　　　　　　　　　　　　　　　30

理发师给自己理发吗？　　　　　　　　　　　　39

2 "关系"无处不在　　　　　　　　　　　　46

它曾经只识"数"，不识"字"　　　　　　　　52

从母鸡产鸡蛋谈起　　　　　　　　　　　　　　59

朋友的朋友还是朋友吗？　　　　　　　　　　　62

爸爸的爷爷和爷爷的爸爸是同一个人吗？　　　65

关系与关系数据库之父　　　　　　　　　　　　69

你想学计算机数据库语言吗？它的名字叫"SQL"　　77

3 "0" 和 "1"   85

朋友是粪土   89

"真值表"与"九九乘法表"一样重要   92

试一试这些逻辑趣题吧   95

逻辑学家的生死之门   99

大毛、二毛都没有洗手与德·摩根律   101

1 和 0 —— 真和假 —— 开和关   103

赞成票？反对票？   107

1=2 ？   110

所有的 & 有一些   116

4 用线把这些离散的点连起来   122

散步中的话题：哥尼斯堡七桥问题   126

让我们用线把这些点连接起来   130

这两个图是一样的吗？   136

世界其实很小   144

培根数和厄多斯数   146

寻找最短的路   149

寻找最长的路   160

怎样完成促销计划　　　　　　　　　163

哈密顿图　　　　　　　　　　　　170

如何安排座位　　　　　　　　　　173

四种颜色就够了，但是……　　　　180

树　　　　　　　　　　　　　　　185

生成树　　　　　　　　　　　　　194

哈夫曼的灵感　　　　　　　　　　200

妈妈的来信　　　　　　　　　　　213

尾声　　　　　　　　　　　　　　215

致谢和结束语　　　　　　　　　　216

参考文献　　　　　　　　　　　　221

书中小文做的部分思考题答案　　　222

引　子

　　这天，小文回到家，家里除了小猫丽仔没别人。小文在橱柜里翻出零食，一边吃，一边在房间里转悠，丽仔"喵呜""喵呜"地跟在后头，提醒主人它饿了。

　　小文最近比较闲，实际上她已经闲了快一个月了。

　　小文是一个准大学生，刚刚收到一所大学的录取通知书，再过一个多月将到另一个城市去读大学。

　　时间过得很快，高中三年一直期待的那个"三个月"漫长的假期转眼已经过半，作为一个曾经的高三党梦想的那些，比如旅行、电影、电玩、KTV、啃小说……这些事轮番干过几遍之后也不觉得兴奋了。

　　那就尝试下勤工俭学吧，她最近在辅导一个初中生的数理化，这活并不轻松，她的学生——一个十四岁的小男孩，总是一副没睡醒的样子，上课时老心不在焉，手里不停地转动他的那支中性笔。

　　想想这家教的活还得干到八月末，她心里竟然有点希望暑假能早点结束。

　　不知自己的"大学"会是什么样子呢？她从记事起就在妈妈工作的这所大学里打转转，在这里读的幼儿园、小学、初中，现在小文很高兴能离开这个待了这么久的地方，但是想想未来的大学生活，心里有点不踏实。

　　一天，她拐弯抹角地跟妈妈说了自己的想法，大致的意思是想让妈妈教她一点大学的课程。

"行啊！"妈妈答应得倒是很爽快，"这可是你自己提出来的哦，可不要半途而废啊！"

这不，电脑提示收到新邮件了，是妈妈发过来的。邮件标题是"离散数学第一课"。

噢，看来课程要开始了！

对于"离散数学"这四个字，她并不陌生，家中书柜里这类书不少，有时书桌上、茶几上到处放着……因为妈妈在学校里上这门课，她要备课。

看来妈妈是打算卖现成的了。

嗨，小文，那我们就开始了哟。

我们从小就学习数学，从0，1，2，3，4…这样的自然数开始，学习加、减、乘、除，慢慢地，我们知道了什么是整数、分数、有理数、无理数……做了若干的题，有人可能会告诉你，这是"代数"，那是"几何"，它们一般被称为"初等数学"。

接下来，你将去读大学，你面前会出现一些更宏伟的数学大厦。

其中一座，是赫赫有名的"微积分"，入口的铭牌上介绍：修建这座大厦的两位主设计师是牛顿和莱布尼茨。

旁边还有一座大厦，上面写着"离散楼"三个大字，看起来，好像没有"微积分"有名气，那这栋大厦里面有什么呢？

入口的简介上写道：离散数学是数学大家庭的一员，它研究的是一些离散的对象，离散数学这座大厦没有一致公认的主设计师，它的修建更能体现"集体创作"的精神……

具体有哪些离散对象，小文，你就接着往下看吧……

看到这里，小文想，什么是离散数学自己还是不太明白，不过，一直听妈妈说离散数学和计算机关系蛮大的。要说离散的对象，我们班那帮人倒很像离散对象，特别是最近，一下子不用上学了，大家每天在家宅着或在外闲逛，听说有几个还逛到了日本和美国，真是够离散的。

小文继续往下看去……

在众多的数学大厦中，你会看到这样一座……

1 让我们用离散的眼光看这个世界

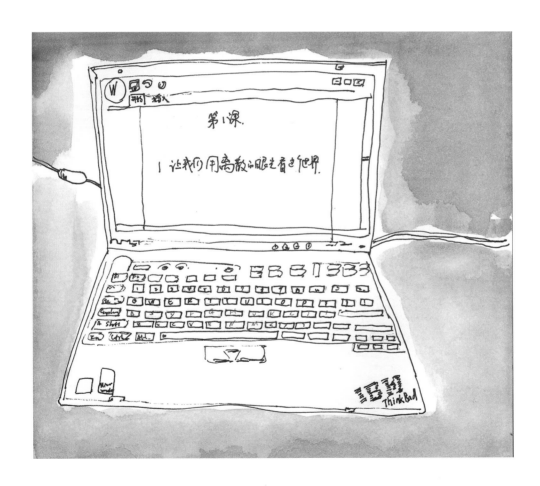

小文，我们的课程就要正式开始了！现在可否请你走到窗户边，拉开窗帘，面前的一切你很熟悉，你会看到一座座的楼房，一排排的窗户，一棵棵的树。天气很热，知了叫得很带劲，树下偶尔会有一两个人走过——小文，如果我说，你看到的这些都是离散的对象，你不会反对吧？

回过头来，再说说你所看到的这封邮件和处理这封邮件的软件，你应该知道，它们实际都是"0"和"1"构成的数据，计算机主要跟"0"和"1"打交道。另外，昨天听说你的一个好朋友要学化学，我的脑子里顿时浮现的是门捷列夫给出的那张元素周期表：氢、氦、锂、铍、硼、碳、氮、氧、氟、氖……

高斯说"数论"是数学的皇后，其实数论研究的主要是 1，2，3，4…这些整数。

心理学研究的对象是人，是不是呀？

你会发现，我这里列举的这些对象其实也是离散的对象。

那么，如果我说，这个世界其实很离散，你会同意吗？

古希腊科学鼻祖泰勒斯（Thales）说"万物的本质是水"。

他的学生毕达哥拉斯（Pythagoras）说"不对！万物的本质是数"。

现在又有人说"万物的本质啊，原来是比特哟"。

看起来，世界万物的本质是哲人们永远争论的话题。不过，接触离散数学时间越久，我好像戴上了有色眼镜一样，越觉得万物都很离散呢。

小文，不管你是否同意"这个世界很离散"的说法。现在就让我们试着用离散的眼光，来重新审视一下这个我们似乎已经很熟悉的世界，如何？

从哪里开始呢——通常，这些离散的个体以群体的形式出现，比如男人、女人、自然数、整数、一群飞鸟、满天繁星……通常情况下，我们可以把这些分别具有某些共同特征的离散个体放到一个个称为"集合"的容器中——那我们就从集合开始，

"小文，如果我说这个世界其实很离散，你会同意吗？"

好吗?

在正式开始之前,小文,我们先考虑这样一个问题,如果把数轴上的"数"用点表示的话,那么,数轴上的代表自然数的点有多少个?代表整数、有理数、无理数、实数的点又各有多少个?

也许你会说都是"无穷多个"。

对这个回答我没意见。

如果有人继续问:"在整数里面,偶数和奇数哪个多?"你可能会说是一样多,这个答案的依据是什么呢,或许你可以说"因为整数中一半是奇数,一半是偶数啊"。

对这个回答我也没意见。

如果继续问:"所有偶数和整数哪个多,自然数和整数哪个多?"你会怎么回答呢?

如果有人答:"它们都是一样多!"你能够想得通吗?

也许这些问题听起来有点奇怪,但德国数学家康托尔(Georg Cantor)就是在研究这些问题的过程中,建立起集合相关理论的。

把离散的个体聚集起来……

一群小孩，一打袜子，一堆书……把具有相同性质的离散个体聚集起来就构成了一个一个的集合。

在波尔·阿·赫尔莫斯（Paul R. Halmos）的经典读本《自然集合理论》中他写道："一群狼、一串葡萄或一堆鸽子都是集合的例子，集合的数学概念能当作所有已知数学的基础。"

集合的例子：书架上的一排书

集合的例子：桌上的几张 CD 碟

集合的例子：花瓶里的几枝花

集合的一种表示方法是把其中的元素一一列举出来，比如：

小于 6 的正整数集合 ={1,2,3,4,5}。

可以看到，当集合中元素较多时，特别是对无穷集合而言，这种方法就不适合了，比如说怎样列举小于 20000 的自然数集合呢？

这时，用公式来表示就会方便很多，小于 20000 的自然数集合可以这样表示：

$\{a \mid a \in \mathbf{N} \text{ 且 } a < 20000\}$，其中 $\mathbf{N}$ 表示自然数集合。

我们时常用一些大写字母来表示一些特殊的集合，比如用 $\mathbf{Q}$ 表示有理数的集合，用 $\mathbf{Z}$ 表示整数的集合，用 $\mathbf{R}$ 表示实数的集合，用 $\mathbf{Z}^+$ 表示正整数的集合，用 $2\mathbf{Z}$ 表示偶数集。

维恩（John Venn）是 19 世纪一位哲学家和数学家，他采用了一种图形的方法来表示集合，具体说来就是在矩形中用不同的圆表示不同的集合。其实早在维恩之前，德国哲学家和数学家莱布尼茨已经系统地运用过这种用图来表示集合的方法，但今天这种图还是称为**维恩图**（Venn Diagram）。

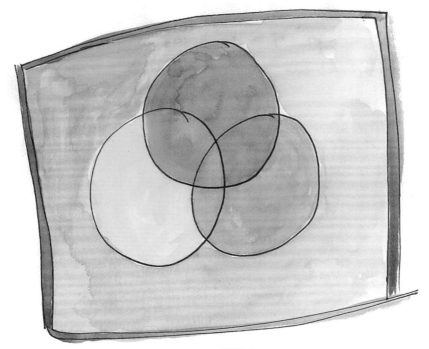

维恩图

　　通过一些集合的组合可以构成新的集合。

　　如果 A 和 B 是两个集合，那么把 A、B 两个集合中的所有元素合并可得到两个集合的并集，记为 $A \cup B$。

属于 A 同时又属于 B 的元素组成的集合，称为这两个集合的交集，记为 $A \cap B$。

对于一个具体的问题而言，所研究的各个集合的元素的总和也构成一个集合，称为全集。全集中所有不属于 A 的元素构成 A 的补集，记为 $\sim A$。

比方说，高三（14）班全体同学可以作为一个全集，如果 A 是这个全集中的男生集合，那么 $\sim A$ 代表的就是女生集合。

有一个应用很广泛的 $\cup$ 和 $\cap$ 互换的运算法则： $\sim(A \cup B)=(\sim A) \cap (\sim B)$，即德·摩根律，这一法则归功于英国数学家奥古斯特·德·摩根（Augustus de Morgan，1806—1871）。

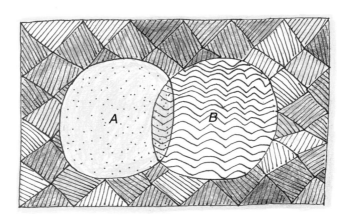

该法则可以用上面的图得到直观的证实，**A、B 并集以外的面积，等于 A 之外并且也是 B 之外的面积。**

德·摩根律的另一表示是 $\sim(A \cap B)=(\sim A) \cup (\sim B)$。

直觉有时候不靠谱

小文，你看看下面的图形，乍一看，是不是会觉得线段 *AB* 比 *CD* 长？

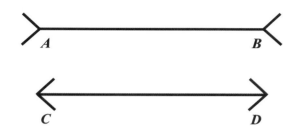

实际上它们是一样长。

再看下面两支铅笔，哪支长？你会不会觉得看上去左边的铅笔比右边的长？

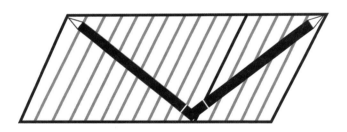

其实这两支铅笔也是一样长。在实际比较长短之前，你是靠直觉来判断的，对吗？现在，你是不是发现，直觉有时候不靠谱啊。

有时候直觉不仅仅是不靠谱，还是迷信的根源。

欧几里得在他所撰写的那本非凡的《几何原本》中说：总体总是比部分大。

我们的直觉会说：这是当然。比如，小文你原来所在的高三（14）班总共有53人，其中男生29人，女生24人，显然男生人数多，但男生人数再多，也多不过总人数。

男生人数再多，也多不过总人数

以上的例子是针对有穷集合，对于无穷集合呢？这里有两个无穷集合：

自然数集合 $= \{0,1,2,3,4,5,6,7\cdots\}$；

自然数的平方数集合 $= \{0,1,4,9,16,25\cdots\}$。

想想，自然数和自然数的平方数哪个多？

自然数多？还是自然数的平方数多？

看起来，自然数集合包含了自身平方数集合，直觉会说，这有什么问题吗？自然数的个数当然是要多于自己的平方数的个数的嘛。

慢点，在解决这个问题之前，让我们把目光转到中世纪。1629 年，伽利略写了一本名为《关于两大世界体系的对话》的书来支持哥白尼的"日心说"，伽利略因为这事被教会判处终身监禁。在监禁期间，他又写了一本《两种新科学的对话》，这本书仍然采用错综复杂的对话形式讨论了各种不同的哲学和数学观点。在对话中发出智慧声音的是萨维亚蒂（Salviati），他的反对者叫辛普利舍（Simplicius）。

在书中，萨维亚蒂向辛普利舍解释了无穷的各种形式，他从最好理解的那类无穷开始，经由萨维亚蒂，伽利略解释了一个圆可以被细分为"无穷多个"无限小的小三角形。

然后，萨维亚蒂在所有自然数和所有自然数的平方之间建立了一种一对一的对应关系，在书中，他说道："我们必然得出结论，平方数与自然数一样多。"

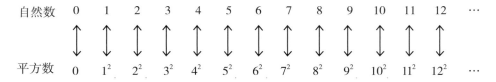

其实，伽利略在这本书中说明了无穷集合的一个重要性质：一个无穷集合的元素个数可以"等于"它的子集合元素个数——总体和部分的个数竟是一样的！——我们的直觉会觉得很怪异吧？

伽利略本想再写一本关于无穷的书，但不知何故，他止步于此，也许无穷的威力之大让他离开了这个课题。他只是轻描淡写地写道："这有点奇妙，我们的想象力不能领会……无穷集合与有穷集合的性质，没有共同点。"

这有点奇妙

我们的想象力不能领会

两百多年之后，康托尔对这个问题没有点到为止，他进行了系统的研究。

康托尔首先建立了集合的一些基本概念，他把集合元素的个数称为"基数"（Cardinality），集合 A 里有 5 支笔，称该集合的基数为 5，也可表示为 Card（A）= 5 或 $|A|$ = 5。

一个集合里有 5 支笔，称该集合的基数是 5

康托尔认为，要判断两个集合的元素是不是个数相同，只需要看这两个集合之间能不能建立起元素间的一一对应关系，如果可以，就可以说这两个集合"基数相同"。

假设有一个对数数一窍不通的农夫，他只想知道自己有多少头羊，你跟他讲"集合""基数"之类的概念太复杂了,他也没时间细听。

他是不是可以这样做?他可以用一块石头代表一头羊,早晨,当他将羊放出去的时候,出去一头羊他就在羊圈边放一块石头。这样,羊圈旁边的石头个数就代表了他拥有的羊的数目。假如有一天农夫的羊被狼叼走了两只,羊圈边则会多出两块石头。这样,即使没有使用数字,农夫也可以对他的羊做到心中有数。

这时,农夫使用的是羊和石头的一一对应关系。

羊和石头的一一对应

就像两个人出牌,如果他们手中的牌张数相同,当一个人出一张牌,另一个人总能打出对应的牌一样。

康托尔正是采用了这种一一对应的方法证明了自然数、自然数的平方数、整数,在个数上是一样多的,即"基数相同"。

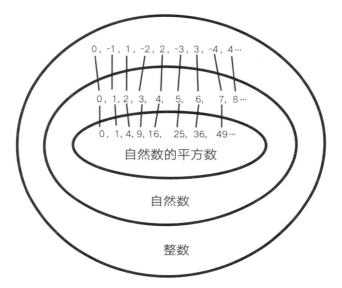

0, -1, 1, -2, 2, -3, 3, -4, 4…

0, 1, 2, 3, 4, 5, 6, 7, 8…

0, 1, 4, 9, 16, 25, 36, 49…

自然数的平方数

自然数

整数

自然数、自然数的平方数和整数集合

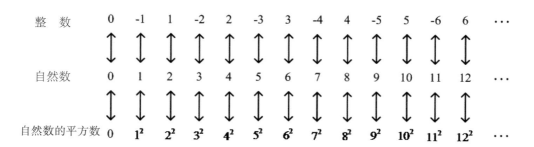

整　数	0	-1	1	-2	2	-3	3	-4	4	-5	5	-6	6	…
自然数	0	1	2	3	4	5	6	7	8	9	10	11	12	…
自然数的平方数	0	1^2	2^2	3^2	4^2	5^2	6^2	7^2	8^2	9^2	10^2	11^2	12^2	…

自然数、自然数的平方数和整数的一一对应

接下来，康托尔将证明的是自然数和有理数也是一一对应的。

什么是有理数？有理数是整数和分数的统称。乍一看，有理数比自然数多得多，0 和 1 之间的分数就有 $\frac{1}{2}$，$\frac{1}{3}$，$\frac{1}{4}$，$\frac{1}{5}$…无穷多个啊！

康托尔是用一种很巧妙的方法来证明的。首先，他在第一行以正负交错的形式写下所有整数：$0,1,-1,2,-2,3,-3,4,-4,5,-5$…

然后，在第二行写下所有分母为 2 的分数，这时，他省去了那些在第一行中已经出现过的有理数（如 $\frac{2}{2}$，$-\frac{2}{2}$，$\frac{4}{2}$，$-\frac{4}{2}$，$\frac{6}{2}$，$-\frac{6}{2}$…因为它们分别等于 $1,-1,2,-2,3,-3$…，前面已经出现过了）。

在接下来的第三行里，他写下所有以 3 为分母的分数。同样地，也省去那些在前面已经出现过的有理数，比如 $\frac{3}{3}$，$-\frac{3}{3}$，$\frac{6}{3}$，$-\frac{6}{3}$，$\frac{9}{3}$，$-\frac{9}{3}$，$\frac{12}{3}$，$-\frac{12}{3}$…

你想想，如果康托尔以这种方式一直写下去，永远也不会有尽头。

但是，康托尔说，他可以知道每个有理数必然会出现在这个排列的某个固定的地方。例如：$\frac{209}{67}$ 会出现在第 67 行，411 列的位置上。

$$
\begin{array}{ccccccc}
1 & -1 & 2 & -2 & 3 & -3 & 4 \cdots \\
\frac{1}{2} & -\frac{1}{2} & \frac{3}{2} & -\frac{3}{2} & \frac{5}{2} & -\frac{5}{2} & \frac{7}{2} \cdots \\
\frac{1}{3} & -\frac{1}{3} & \frac{2}{3} & -\frac{2}{3} & \frac{4}{3} & -\frac{4}{3} & \frac{5}{3} \cdots \\
\frac{1}{4} & -\frac{1}{4} & \frac{3}{4} & -\frac{3}{4} & \frac{5}{4} & -\frac{5}{4} & \frac{7}{4} \cdots \\
\frac{1}{5} & -\frac{1}{5} & \frac{2}{5} & -\frac{2}{5} & \frac{3}{5} & -\frac{3}{5} & \frac{4}{5} \cdots \\
\vdots & \vdots & \vdots & \vdots & \vdots & \vdots & \vdots
\end{array}
$$

康托尔按此法排列所有的有理数

虽然有点繁琐，但从理论上而言确实可以用这种方式陈列出所有的有理数。接下来，为了将有理数和整数、自然数一一对应起来，康托尔得想办法将这张看起来是二维的无穷排列图，构造成一个一维的无穷排列。

康托尔是这样考虑的，如果从第一行开始往右数，他将永远到达不了第二行，因为第一行是无穷的（当然，每一行都是无穷的），于是，康托尔选择了一个**曲折的锯齿形**的前进路线。

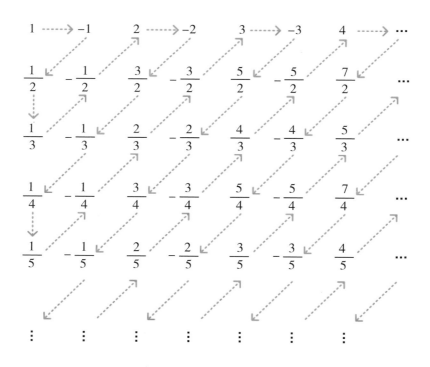

康托尔的锯齿形前进路线

小文，你想象一下，如果把这条迂回曲折的线路拉成直线，这时实际上就形成了这样一个从 1 开始的一维线性序列：

$$1,-1,\frac{1}{2},\frac{1}{3},-\frac{1}{2},2,-2,\frac{3}{2},-\frac{1}{3},\frac{1}{4},\frac{1}{5},-\frac{1}{4},\frac{2}{3},-\frac{3}{2},3,-3,\frac{5}{2},-\frac{2}{3},\frac{3}{4},-\frac{1}{5},\frac{1}{6}\cdots$$

暂停一下，小文你是否注意到康托尔的这个列表没有包含有理数 0，现在我们把它添加到 1 的前面。这样，每个有理数，不管是分数还是整数，总会在这个线性列表中出现。

如此这般，康托尔将有理数原来的二维列表变成了一个一维的列表。这样，康托尔实际上用这种方法证明了有理数的个数与自然数、整数、自然数的平方数的个数是一一对应的，即它们全都"基数相同"，康托尔将这类集合称为可数无穷集。

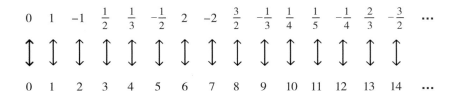

有理数与自然数的一一对应

最初，康托尔在考虑这些无穷的时候采用的是无穷大符号 ∞，但是他很快想到需要一个新的符号，考虑一番之后，他决定使用希伯来字母的第一个字母：阿列夫——ℵ，来命名他的无穷大基数。

康托尔把跟自然数集合基数相同的这类无穷大称为阿列夫零——$\aleph_0$。

现在，康托尔实际上证明了：

Card(**N**)=Card(**Z**)=Card(2**Z**)=Card(**Q**)= $\aleph_0$

呵呵，小文，现在你感觉如何？如果你没有看得打瞌睡的话，我们就再深入一点点哟。

康托尔继续想，有没有比$\aleph_0$更大的无穷大呢？

在有理数之外，还有一些数不能表示成分数的形式，如$\sqrt{2}$，自然常数 e 以及 π 这些，当然还有很多很多，我们现在知道它们是无理数。在数轴上，这些无理数"填充"了整数和分数之间的"空隙"，从而为我们呈现出完整的实数集合。

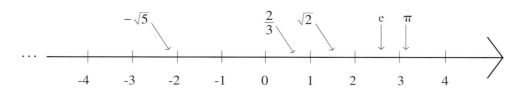

实数集合是否也可以排列成一个一维列表呢？如果可以，那就可以说，实数集也属于$\aleph_0$一类的无穷。

通过一个独特的方法，康托尔证明了连试图将 0 到 1 之间的实数排列成一维列表都不可行。康托尔在证明的过程中利用了对角线上的数字，所以他的证明方法也叫"对角线证明"法，下面我来解释下这个方法：

假如有一个人叫托尼，托尼了解了康托尔将有理数一维排列的方法后，深感佩服。于是托尼效仿，打算将实数也用一维排列起来，他知道，每个实数都可以表示成小数形式，例如：

$$\frac{1}{2} = 0.500\ 000\ 000\ 000\ 000\ 000\ 000\cdots$$

$$\frac{1}{\pi} = 0.318\ 309\ 886\ 183\ 791\ 671\ 53\cdots$$

托尼费了很大的劲，按十进制无限小数的形式写出了 0 到 1 之间所有实数的排列：

$$r_1 = 0.a_1a_2a_3a_4a_5a_6a_7\cdots$$

$$r_2 = 0.b_1b_2b_3b_4b_5b_6b_7\cdots$$

$$r_3 = 0.c_1c_2c_3c_4c_5c_6c_7\cdots$$

$$r_4 = 0.d_1d_2d_3d_4d_5d_6d_7\cdots$$

......

然后，托尼把这张表递到康托尔面前，对康托尔说："康托尔先生，您看，我把实数一一排列出来了。"

康托尔看了一眼这张列表，他从托尼的这张列表中挑出一个对角线数，即：

$$0.a_1b_2c_3d_4\cdots$$

这个对角线数是从托尼那张列表的每一排取一个数字构成的，就像这样，在第一排小数点后取第一个数字 a_1，在第二排取小数点后第二个数字 b_2，在第三排取小数点后第三个数字 c_3，以此类推，直至无穷。

然后，康托尔将这个对角线数字的每一位加上 1，这时原来的对角线数就变成：

$$0.a_1'b_2'c_3'd_4'\cdots$$

然后，康托尔问托尼："请问这个数字 $0.a_1'b_2'c_3'd_4'\cdots$ 在您的排列中吗？"

托尼愣在那里，有点不明白，康托尔继续说："您看，其中 a_1' 不等于 a_1，b_2' 不等于 b_2，c_3' 不等于 c_3，……沿着对角线方向以此类推，您会发现这个 $0.a_1'b_2'c_3'd_4'\cdots$ 实际上与您的列表中列出的所有数字都至少有一位不同，所以这个数字必然不在您的这个列表中。"

托尼想："……那把这个数字加进去如何？"

但托尼随即发现，即使把这个数字加进去，用康托尔的方法还是可以构造出另一个新的对角线数！

这实际上说明了，0 到 1 之间的实数无法跟整数那类可数无穷形成一一对应的关系，推广到整个实数集更是如此。

康托尔的"对角线证明法"举个例子是这样的，假设从 0 到 1 之间的全部实数可如下表（这里并不要求按特定的次序显示）列出：

0.000 000 000 001 000 0⋯

0.124 215 674 378 954 3⋯

0.234 117 629 982 954 7⋯

0.776 398 239 654 661 1⋯

0.482 953 447 901 237 5⋯

0.034 817 943 216 298 4⋯

⋯⋯

然后，他构造了一个上述排列的对角线数，正如前面介绍的，它是从上述无穷多个实数中的每一个中取一位数字构成的，方法是从第一个实数取小数点后的第一个数字，从第二个实数取小数点后第二个数字⋯⋯对上面的例子来说，这个对角线数是：0.024 357⋯

然后，康托尔把上述对角线数的每一个数字都加以改变，例如，每一个数字都加上 1，这样他就得到一个"新数"：0.135 468⋯

因为这个新数与之前那个排列的每一个实数至少在特别取定的那个位数上是不同的（因为这个位数加了 1）。因此，构造的这个"新数"实际上不同于上面枚举的 0 到 1 之间的一切实数。

康托尔采用了这种反证法证明了假设的不成立，即 0 到 1 之间的实数不能构造成任何形式的一维列表，同时也证明了实数集合的基数实际上要大于整数集合的基数，是一个"更大"的无穷大。

也就是说，在康托尔眼里，漫无边际的无穷其实是有等级的，其中基数最小的是阿列夫零 $\aleph_0$。

按无穷集合的基数大小，康托尔试图构造一个等级越来越高的无穷大的阿列夫序列：$\aleph_0$，$\aleph_1$，$\aleph_2$，$\aleph_3$ …

小文，你不是在看但丁的《神曲》吗，但丁凭着他的想象构造了九层同心圆结构的天堂体系，读者跟着但丁，可以从最里层的地狱中心，飞升到深邃无边的九重天。

现在，你也可以把康托尔的无穷大世界中的阿列夫家族想象为一个圆圈嵌套一个圆圈的神秘世界，每一个圆圈象征一定高位的级别（按基数大小划分的）——其中 $\aleph_0$ 就是里面那个最小的圆圈！

《神曲》的天堂共有九重天，而康托尔的这个同心圆无穷大世界却是无边无际的，没有尽头、没有彼岸……

小文，你如果觉得难以理解，你一点也不用觉得不好意思哦。对于无穷大的一些性质，连康托尔自己都觉得很吃惊，他曾经在给朋友戴德金（也是一位数学家，康托尔少有的支持者之一）的信中，这样表示他对刚刚发现的一个无穷大性质的心情："我看着它，但我却不相信它。"

阿列夫家族

接着，康托尔开始考虑$\aleph_0$和$\aleph_1$之间的关系。康托尔想，那么，实数集合是否是这个序列中的第二个阿列夫，即$\aleph_1$呢？

对康托尔自己来说，他相信实数集合是紧接着$\aleph_0$的那个$\aleph_1$，并一直希望证明：$2^{\aleph_0} = \aleph_1$，可惜，这个假想的公式一直到他死都没有证明出来。

当康托尔沉醉于构造他的阿列夫序列的时候，当时的人们是怎么看他的呢？

平心而论，在当时，康托尔所提出的"无穷"，是一个超乎常人能力所能认识的世界，很多数学家认为"无穷"这东西是否存在都难以肯定，而康托尔竟然还"漫无边际"地去数它们，还去比较它们的大小！—— 所以，也就不难理解当时的人们对康托尔提出的这套理论的感觉了。

其中的一个说法是——这套理论是"雾上之雾"，法国数学界权威庞加莱（J.H.Poincaré）则认为康托尔的无穷理论是一种病态的东西，他说："我们的下一代将把康托尔的集合论当作一种疾病。"

希尔伯特旅馆

小文，下面我带你去个地方——无穷旅馆——去感受一下无穷的神奇特征。

德国数学家希尔伯特（David Hilbert）喜欢讲一个无穷旅馆的故事，所以这个无穷旅馆也被称为希尔伯特旅馆。

顺便说一下，以希尔伯特命名的数学名词多如牛毛，有些连希尔伯特本人都不清楚，比如有一天，希尔伯特问他的同事："什么是希尔伯特空间？"希尔伯特被称为"数学界的无冕之王"，据说是天才中的天才，也不知是为什么，有关希尔伯特的趣闻逸事特别多，有空你可以到网上去搜搜。

无穷旅馆生意很好，号称有无穷个客房。

一天，希尔伯特慕名来到那家旅馆，但是经理告诉他，今天没有空房间了。

"但您有无穷多间房间，对吗？"希尔伯特问。

"是的，先生。"经理说，"但是抱歉，因为今天来了无穷多个客人，所有的房间都有客人，没有空房了。"经理刚刚安顿好无穷多个客人，显得有点疲惫。

原来是无穷多个房间住了无穷多个客人，希尔伯特转了一下眼珠，他有了一个主意。

"我只需一间空房，您看这样可以吗？把第一间房的客人移到第 2 间房，第 2 间房的客人移到第 3 间房，第 3 间房的客人移到第 4 间房……以此类推。"

  经理好像有点没明白，希尔伯特把刚才说的画了个示意图，然后接着说道："因为您有无穷多间房间，因此您可以连续移动所有的客人，这样，第一间房就空出来了。"

  经理半信半疑，鉴于希尔伯特的大名，他还是照做了。经理忙得满头大汗，最后希尔伯特真的在已经客满的无穷旅馆中有了一间房间。

  后来经理发现，即使客房住满了，不管来多少人，按照希尔伯特的方法，他总能安排出空房来！

到这里，妈妈的邮件内容就结束了。妈妈说，余下的讲义她还在准备中，并向小文推荐了书架上的一本书——《神秘的阿列夫》。

一口气看了这么多，这课程真不轻松。

到这时，小文才感觉到脚上沉甸甸、热乎乎的。不用说，是丽仔蹲在小文的脚上呼呼大睡。她站起身，把丽仔撂一边，去妈妈的书房找那本书。

书房里的书很杂，一通好找，总算找到了。翻了一下，感觉这本书有点像是康托尔的传记，又似乎不是，总之看得不是很明白。

晚饭时，母女两人边吃边聊。

"怎么样？我的讲义，看得明白不？"

"嗯，前面集合的基本概念部分还行，后面，什么阿列夫之类的就有点云里雾里了。"

"没关系，了解前半部分就可以了。"

"我觉得他研究的问题太深奥了，比较无穷的大小有什么用呢？"

"嗯，我很害怕学生问这个问题——了解这个有什么用？"

"哈哈，为什么呀？"

"因为，很多时候我回答不出来呀——有个数学家叫欧几里得，你应该知道吧？"

"知道。"

"传说，有个学生在欧几里得那里学了一个定理之后问欧几里得——学了这个定理有什么用？"

"哈哈，欧几里得怎么回答呢？"

"传说是这个样子的，欧几里得思索了一下，也没有多说，请仆人拿了点钱给这位学生……"

"难道欧几里得没有说：'这位同学，这个定理有这些用处，第一第二第三之类的？'"

"没有啊，传说中欧几里得就给了他钱。所以你问——比较无穷的大小有什么用，我也没办法一下子回答你哦——要不我也给你一块钱？嘻嘻。"

"得了吧。"

"不过话说回来，康托尔研究的无穷确实有点深奥，他后半生一直希望证明的那个假设 $2^{\aleph_0} = \aleph_1$，把他自己也搞得神经兮兮、精神颓废，经常对自己也半信半疑。他后来向自己的一位朋友透露，他很怀疑自己一生事业的选择，后悔当初放弃音乐成为数学家。"

"也就是说，康托尔也有可能成为一名音乐家？"

"是的，说起来，他的母亲出生于一个音乐世家，父母双方不少家庭成员都是很有名望的音乐家。"

"是不是数学家都这么有文艺范儿啊？"

"不见得呢，康托尔的老师，魏尔斯特拉斯，据说一听歌剧就会睡觉。"

"哈哈。"

"顺便说一句，康托尔的这位大名鼎鼎的老师，40 岁之前一直在偏僻的中学当老师，教初等数学或教一些跟数学毫不沾边的课程。"

"这个中学老师成了数学大师吗？"

"对呀，这也算一段传奇。不过我们还是说康托尔吧，康托尔 18 岁进入柏林大学，20 多岁获得数学博士学位后，来到距离柏林 100 多千米的哈雷大学任教——哈雷大学虽然远远比不上柏林大学有名气，但这条件比他的老师强多了不是。"

"应该是。"

"嗯，康托尔后来一直到死都在哈雷，哈雷是著名的音乐家亨德尔的故乡，在当时是一座音乐、歌剧之城，不过，对于康托尔来说，他更感兴趣的是他的阿列夫。几年后，康托尔发表了一篇论文，题目是《论所有实代数数集的一个性质》，数学史上一般认为这篇论文的发表标志着集合论的诞生，这时他大概 30 岁。"

"接下来呢？"

"在接下来的若干年里，他几乎花费所有的时间去证明那个 $2^{\aleph_0} = \aleph_1$ 啊。"

"成果如何呢？"

"有时他欣喜若狂，认为自己发现了一个不寻常的成功证明，高兴之余他会把这个好消息告诉为数不多的几个朋友中的一个。而几个月之后，这位朋友会收到康托尔的另一封来信，在信中，康托尔心情抑郁地告诉他：'原来那个证明是错误的。'"

"当数学家好辛苦！"

"你觉得当什么不辛苦？除了发现自己一次一次的证明是错误的之外，康托尔还有一个很激烈的反对者——当时的数学权威克罗内克（Leopold Kronecker）。克罗内克认为，数学分析都必须以整数为基础，只有整数才是真实存在的，其他东西，包括无理数什么的都是捏造出来的，至于康托尔的无穷，更是胡说八道。"

"连无理数都不能接受，这个克罗内克是个什么样的数学家？"

"其实他也是一个很优秀的数学家，但他的观点是'上帝创造了整数，其他的东西都不真实'。他对康托尔的排斥也只是因为个人的信仰不同。由于克罗内克是当时柏林学派的领袖人物，所以他对康托尔发展前途的阻碍还是相当大的。康托尔一直都非常希望能在柏林得到一个更好的数学职位，不过他一辈子都没有如愿。"

"康托尔后来怎么样了？"

"他在40岁时第一次出现精神崩溃，随后的30年这毛病反复发作，最后他是在哈雷大学的精神病院去世的。"

"听你这么一说，我觉得康托尔当初放弃数学去搞音乐也许才是正确的选择。"

"这个嘛，看你怎么想。我觉得吧，康托尔能在巨人林立的音乐史上有什么作为很难说啊，但事实证明，康托尔在世界数学史上绝对是有一席之地的呀。"

"他的那个公式最后证明出来没有呢？"

"康托尔到死都没有证明出来的那个假设 $2^{\aleph_0} = \aleph_1$，后来被称为'连续统假设'（CH：Continuum Hypothesis），在 1900 年的第二届国际数学家大会上，被希尔伯特归为 20 世纪有待解决的 23 个重要数学问题之首，也叫希尔伯特第一问题。"

"这么厉害，这个第一问题后来结果如何？"

"这个假设的后继证明者有一长串——策梅罗（E.Zermelo）、哥德尔（Kurt Godel）（哥德尔差点也被这个假设搞得神志不清！）、科恩（Paul

Cohen），等等。"

"都是些什么人呢？"

"都是些数学牛人。据说，爱因斯坦晚年对别人说：'我自己的工作其实没啥意思，我来上班就是为了能同哥德尔一起散步回家。'而科恩是菲尔兹奖的获得者。"

"菲尔兹奖是个什么奖？"

"你知道诺贝尔奖是没有数学奖的，对吧？"

"这个知道。"

"菲尔兹奖荣誉很高，几乎相当于数学界的诺贝尔奖。"

"这样啊。"

"科恩获得菲尔兹奖的一个重要原因是对康托尔'连续统假设'的证明。哥德尔和科恩的工作表明：康托尔的连续统假设是否正确，在现存的集合论公理系统内是不能判定的。"

"解释一下吧！"

"也就是说，连续统假设可能为真，也可能为假，但不论是真是假，都不会产生新的矛盾。可以这样说，众多数学家的多年艰苦努力后，康托尔的连续统假设仍是一个谜，现在数学家们仍在努力啊——你说得对，数学家是很辛苦，哈哈。"

天已经黑下来了，母女两人聊天已经结束了。小文坐在自己房间的书桌前，透过飘窗看着天。

生命从何而来，宇宙如何生成，宇宙到底有多大……这些问题她小时候经常问妈妈，多次得不到肯定的回答后，她也很少问了。今天了解了康托尔的无穷世界之后，她想，无穷真是一个神奇的东西，会不会时间、空间本身就没有起点，也没有终点，宇宙也没有边界，它们都是现实存在的无穷吗？几天之后，妈妈又发讲义过来了，这次邮件内容不多。

时间、空间，它们都是现实存在的无穷吗？

理发师给自己理发吗?

小文,前面我们说,在康托尔刚提出他的集合理论的时候,曾遭到许多人的猛烈攻击。但渐渐地,数学家们发现,数学的一些研究对象,比如自然数、实数、函数等,其实都是一些特定结构的集合,他们还发现康托尔提出的一套数学概念,诸如:并集、交集、属于、包含之类,其实为他们提供了一种"新"的数学语言——并且还十分好使。接下来他们更惊奇地认识到,似乎一切数学成果都可以建立在集合论的基础之上。

看来,康托尔的集合理论并不只是"上帝的数学,应该属于上帝"啊!

到后来,数学家庞加莱也不再认为康托尔的集合论是一种疾病了,态度来了个 180 度大转弯,他兴高采烈地宣称:"……借助集合论概念,我们可以建造整个数学大厦……"

集合论俨然已成为现代数学的基石。

可是,好景不长。不久人们发现,这套集合理论是有漏洞的!为了形象地说明集合论中的一个漏洞,数学家罗素提出了一个著名的悖论。

罗素首先构造了这样一个集合 S,S 由一切不属于自身的元素构成的集合即 $S=\{x \mid x \notin x\}$,然后,罗素问:S 是否属于 S 呢?

为了更加通俗易懂,罗素将这个问题改写为"理发师悖论"。

罗素不仅是数学家,还是作家,他获得过 1950 年的诺贝尔文学奖。

经罗素妙笔构思后的"理发师悖论"是这样说的,在萨维尔村,一位理发师挂出一块招牌:"本人理发技艺高超,我将为本村所有那些不自己理发的人理发,并且我也只给这些人理发。"

来找他理发的人络绎不绝，当然，这些人都是不自己理发的人。

有一天，有人看到理发师自己的头发很长了，就好奇地问他："理发师先生，您给不给自己理发啊？"

那我们来推理一下：如果理发师不给自己理发，他就属于招牌上指明的"不自己理发的人"的那一类人，有言在先，那么他应该给自己理发。

但是，如果这个理发师给自己理发，根据招牌所言——他只给村中不自己理发的人理发——那他就不能给自己理发啦！因此，无论这个理发师怎么做，都会跟那块招牌产生矛盾。

其实在罗素之前，就有数学家发现了集合论存在一些问题。1897 年，布拉利·福尔蒂（C.Burali-Forti）提出了"最大序数悖论"。1899 年，康托尔自己发现了"最大基数悖论"。但是，这两个悖论的出现都没有在数学界引起多大的震动，所以并未动摇集合论的根基。

但这次罗素悖论则不同，它经过罗素包装成"理发师悖论"后非常浅显易懂，而且所涉及的"集合"和"属于"都是集合论中最基本的概念，所以，理发师悖论一提出就在当时的数学界引起了极大震动。

数学家弗雷格（G. Frege）发现自己忙了很久得出的一系列结果被这条悖论搅得一团糟。在收到罗素介绍这一悖论的信后，他伤心地说："一个科学家所遇到的最不合心意的事莫过于在他的工作即将结束时，其基础崩溃了。罗素先生的这封信正好把我置于这个境地……"数学家戴德金也因此推迟了他的《什么是数的本质和作用》一文的再版。

可以说，这一悖论就像在平静的数学水面上投下了一块巨石，它所引起的反响巨大，导致了第三次数学危机。

小文正看着，妈妈回来了，小文问："正在看讲义上讲的数学危机呢——除了金融危机，数学也有危机？"

妈妈拉开冰箱门扫了一眼："是啊，并且数学危机已经不是第一次了。"

小文和丽仔也跟进厨房："能说得详细点吗？"

"借过一下。嗯，先问你一个问题：对于一个边长为 1 的正方形，这个正方形的对角线长度是多少呢？"

"$\sqrt{2}$ 啊，初中生都知道。"

"的确是 $\sqrt{2}$。说起来，正是这 $\sqrt{2}$ 导致了数学的第一次危机呢。"

"啊？不会吧。"

"说来话稍微有点长——你应该知道古希腊有个数学家叫毕达哥拉斯吧，他创立了一个毕达哥拉斯派别，这个学派信奉'万物都是数'，他们认为上帝是通过数来统治宇宙的。学派的成员数学修养很高，他们取得了很多的数学成就，比如著名的"勾股定理"。除此之外，他们还制定了很多七七八八的神秘帮规，比如禁止吃豆子……"

"啥？不让吃豆子！豌豆？绿豆？还是所有豆子都不能吃？"

"我猜应该是所有豆子都不能吃吧，因为他们把豆子看得无比神圣。传说他们宁可死都不愿踩豆子地！不过这不是我们讨论的重点嘛。回到正题，在数的性质上，毕达哥拉斯认为'一切数均可表示成整数或整数之比'，毕达哥拉斯当时地位很高，人们对这点深信不疑。

"但是后来，毕达哥拉斯学派发现了一个难解的问题：一个腰为 1 的等腰直角三角形的斜边无法用整数比来表示——万物都是数，这个斜边是什么数呢？——面对这个发现，他们既恐慌又毫无办法。只能将这个发现秘而不宣。

"但世上没有不透风的墙。后来，学派的一个弟子将这个秘密泄露了出去，有一个传说是这个弟子被学派的其他成员丢到海里淹死了。"

"天哪！这小小的 $\sqrt{2}$ 还闹出了人命。"

"现在看起来小小的 $\sqrt{2}$，直接动摇了毕达哥拉斯学派的数学信仰，在当时的数学界掀起的风波可不小。不过这场风波也带来了好处，那就是一种'新'数——'无理数'——的发现，后来人们把这个事件称为第一次数学危机。"

"看来危机也不见得是坏事。"

"第二次数学危机有关微积分的基础定义，发生在 17 世纪至 18 世纪，这场危机最终完善了微积分的理论系统。第三次数学危机嘛，就与讲义中说的理发师悖论有关了。"

"这次危机又是怎么解决的呢?"

"这一次,数学家们的解决之道是这样的:在康托尔的原有集合理论基础上建立一些新的规则,即所谓'公理',采用公理化的方法来解决。"

"公理?"

"所谓公理就是一些'具备直观上显然的、无需证明的'初始命题。"

"举个例子呢?"

"比如:过两个不同的点只能作一条直线,以及凡直角都相等,就是五条欧式几何公理中的两条。"

"哦,老师教几何时提到过。"

"五条几何公理再加上五条一般公理就是欧式几何的总源头,在此基础上可以推导出整个欧式几何。"

"哦,这样啊,不过还是请回到集合的问题上来吧。"

"小文,你有没有发现到目前为止我们在学习集合相关概念的时候,关于什么是集合,其实我们是没有给出严格定义的,我们采用的是这样一种比较笼统的说法:所谓集合,就是将一些具有共同特征的对象汇集起来。罗素抛出的罗素悖论使数学家们逐渐意识到,集合的基础概念仅仅采用这种朴素直观的方法来定义也许是导致悖论产生的根本原因。因此他们想出来的办法是,选择一些(或者说设计一些)必要的公理对集合加以限制来排除悖论。现在人们通常将 1908 年以前由康托尔创建的集合理论称为'朴素集合论',把采用公理化方法改造和重建后的集合理论称为'公理化集合论'。"

"公理化集合论?——还是请老师具体解释一下吧。"

"1908 年,数学家策梅罗提出了第一个公理化集合论体系,后来经数学家弗兰克尔（Fraenkel）的完善和补充，形成了 ZF（Zermelo-Fraenkel）公理系统，在 ZF 公理系统中有 9 条公理，每一条都有不同的名称，比如存在公理、外延公理、正则公理等。在这 9 条公理基础上再增加一条选择公理，就被称为 ZFC 公理，这个 C 表示的就是选择公理（Choice Axiom），提起这个选择公理，也是一个像谜一样的有争议的命题。"

妈妈讲得倒是很带劲，但是小文已经有点坐不住了，在橱柜里翻来翻去："数学家们忙活的这些到底解决了理发师悖论没有？——我们晚上吃什么，肚子有点饿了。"

妈妈也觉得她的学生在走神了："那就长话短说哈，罗素先生首先引入一个集合 $A=\{x|x$ 不属于 $x\}$，然后考察 A 是否属于 A。现在根据集合公理化方法，罗素提出的这个看起来挺像集合的东西，其实并不是一个集合。也就是说公理化方法要做的是，在建立集合论的大厦之前首先要制定若干规则将那些非集合的东西排除掉——公理之下，不容悖论藏身——从而避免悖论的产生。具体每条公理的含义，就等你以后到大学再去学习吧。对了，今天回来时忘了买菜，要不，我们就来个蛋炒饭？"

不过，妈妈还是继续滔滔不绝地讲："想象一下吧，后来，理发师给他的老朋友乔治写了这样一封信——亲爱的乔治，你在法国还好吗？最近店里挺忙的，我打算忙完这阵也出去度假。我想和你说个事儿，昨天有个顾客到店里理发，他说他在数学院工作，谈到店里挂的那个招牌，他告诉我，这块招牌给那些数学家们添了大麻烦，吵吵不休很多年。你也知道，这块招牌是我父亲传下来的，据我父亲说，是刚开业时，一个叫罗什么的数学家怂恿他挂上去的。我真不懂干吗要挂这样的招牌呢？到店里来理发的不就是那些不自己理发的人吗？并且，自从有了这块招牌，就总有人来问这问那，什么'老板，你的头发是自己理呢还是请别人理呢'之类的，不胜其烦。你说我把这块牌子取下来如何，至少以后我可以心安理得地自己给自己理发啊？哈哈。"

亲爱的乔治，我想跟你说个事……

2 "关系"无处不在

最近这段时间，如果晚上没有其他的事，小文和妈妈有一个散步时间，地点一般在校园的操场。这个北区的操场是小文小时候经常光顾的地方。那时候，时常是一做完作业，一堆小伙伴就聚在这里玩耍，旁边是妈妈们在一起闲聊。记得有一次，小伙伴们闲来无事，大家把鞋子脱了，在操场边的沙坑里埋鞋子玩，到天黑要回家时，有个小伙伴的一只鞋子找不到了，动员大家一起找，后来是否找到现在也不记得了。

小文上中学以后，这个操场就来得少了。这时候，母女俩一边在跑道上转圈，一边天南地北地又瞎聊起来。

"老妈，诺贝尔奖怎么没有数学奖啊？"

"这个问题呀有好几个说法，其中一种说法与一个叫莱夫勒（Mittag Leffler）的数学家有关。"

"他是什么人？"

"莱夫勒当时在数学上的成就很高，人们普遍认为，如果要设诺贝尔数学奖的话，那么他将是第一个获得该奖项的不二人选。据说，诺贝尔为了阻止这件事的发生，最终决定不设诺贝尔数学奖。莱夫勒非常富有，他在斯德哥尔摩的郊外建了一座豪华别墅，供数学家们免费使用。也许诺贝尔觉得，莱夫勒得到的已足够多，多到不需要诺贝尔奖了吧。"

"你前几天提到有一个数学奖叫菲尔兹奖，菲尔兹是数学家还是阔佬啊？"

"数学领域除了有菲尔兹奖还有阿贝尔奖、沃尔夫奖。菲尔兹（John Charles Fields）是一位加拿大数学家，菲尔兹奖是在他的倡导下设立的。菲尔兹奖每四年才评选一次，它的一个最大特点是只授予40岁以下的数学家，至今为止，有两位华人获得过菲尔兹奖，一位是丘成桐先生，另一位叫陶哲轩。嗯，菲尔兹奖荣誉很高，不过奖金只有 15 000 加拿大元，折合人民币大约 7 万元。"

"7 万元？！"

"不要这么惊讶好不好？有很多东西是不能用钱来衡量的。顺便说一下，计算机界类似诺贝尔奖的是图灵奖。"

"介绍介绍。"

"图灵奖是美国计算机协会设立的一个奖项，专门奖励在计算机科学中作出创造性贡献的科学家，之所以以'图灵'命名，主要是为了纪念图灵（Alan Turing）在计算机方面的杰出贡献。对了，你不是本尼迪克特的粉丝吗，他主演过一部《模仿游戏》，就是讲图灵的。"

"真的吗，相信图灵本人应该没有本尼迪克特长得帅吧。"

"恰恰相反，我觉得图灵本人比本尼迪克特帅。"

"算了，跟你谈不拢。图灵的丰功伟绩有哪些呢？"

"我们现在干什么都离不开计算机，但是 100 年前，人们并不清楚计算机到底应该是什么样的一种机器，图灵在 20 世纪 30 年代写了一篇论文，他在这篇论文中对计算机的结构和原理做了猜想，诸如：计算机可以由哪几部分组成，如何计算和工作，并且给出了一个计算机的抽象模型，现在这种模型被称为'图灵机'。后来计算机界公认，随后出现的所有与电子计算机有关的理论和模型，都源于图灵的这篇论文。"

"没想到一篇论文有这么牛。"

"不过说起来有点意思，'图灵机'并不是这篇论文的主题。"

"这是怎么回事呢？"

"前面我们提过希尔伯特，还记得吧？"

"嗯嗯。"

"希尔伯特在提出那著名的 23 个数学问题的大约 30 年后，他针对算术计算又提出了三个问题，图灵是想在这篇论文中回答这三个问题中的第三个：有些数学问题是不可计算求解的。为了回答这个问题，图灵把"计算"定义为一个机械的过程。同时，他问了这样一个问题：要是机器，它会怎么做？但在当时，没有一台真实的机器可供参考，于是图灵在脑子里构造了一个可以计算的机器——图灵机，并在他的论文中列出了图灵机必备的几个部件：纸带、符号和状态等。"

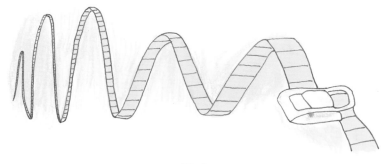

图灵机

妈妈接着说："图灵这篇论文对希尔伯特的问题给出否定的回答，可以说，'图灵机'模型只是这篇论文主题的一个脚注，'顺便'提出来的。"

"论文的这个边角余料真牛啊，图灵有没有造出自己设想的机器呢？"

"没有，他也许压根就没打算去建造这部机器。"

"图灵奖颁奖是一年一次还是四年一次？"

"一年一次，一次一般只奖励一名科学家。"

"有没有中国人得图灵奖呢？"

"至今为止，以美国人居多，还有少数英国、瑞士、荷兰、以色列人。"

"为什么？"

"这也很好理解嘛，因为这个奖项的组织者是美国——虽然图灵是英国人，呵呵——此外就计算机发展水平而言，美国也是最高的。"

"也算可以理解吧。"

"大概在2000年的时候，图灵奖授予了一位华人学者，叫姚期智，你有时间可以到网上查查。"

"又是华人学者啊。"

"科学无国界嘛。有些领域很受图灵奖青睐，比如计算机数据库领域，前后4次获奖。"

"数据库是什么？"

"数据库可以看作是存储和管理数据的仓库。"

"需要管理哪些数据呢？"

"你的高考成绩、学籍、邮件都是数据。去超市购物、去图书馆借书、去银行取钱——这些行为都会产生数据。"

"跟我相关的数据还真不少。"

"是呀，并且这些数据十分庞杂。把你自己想象成离散世界的一员，从你出生的那一刻起，每一天都在产生很多很多的数据，这些数据无一不是你和其他离散个体之间发生的联系。"

"好像是这样，不过，还是举个例子吧。"

"这个，一句两句说不清呀。况且我们也该打道回府了，等我把接下来的讲义准备好，发过来你先自己看看。"

一天之后，妈妈的讲义如期而至。

它曾经只识"数",不识"字"

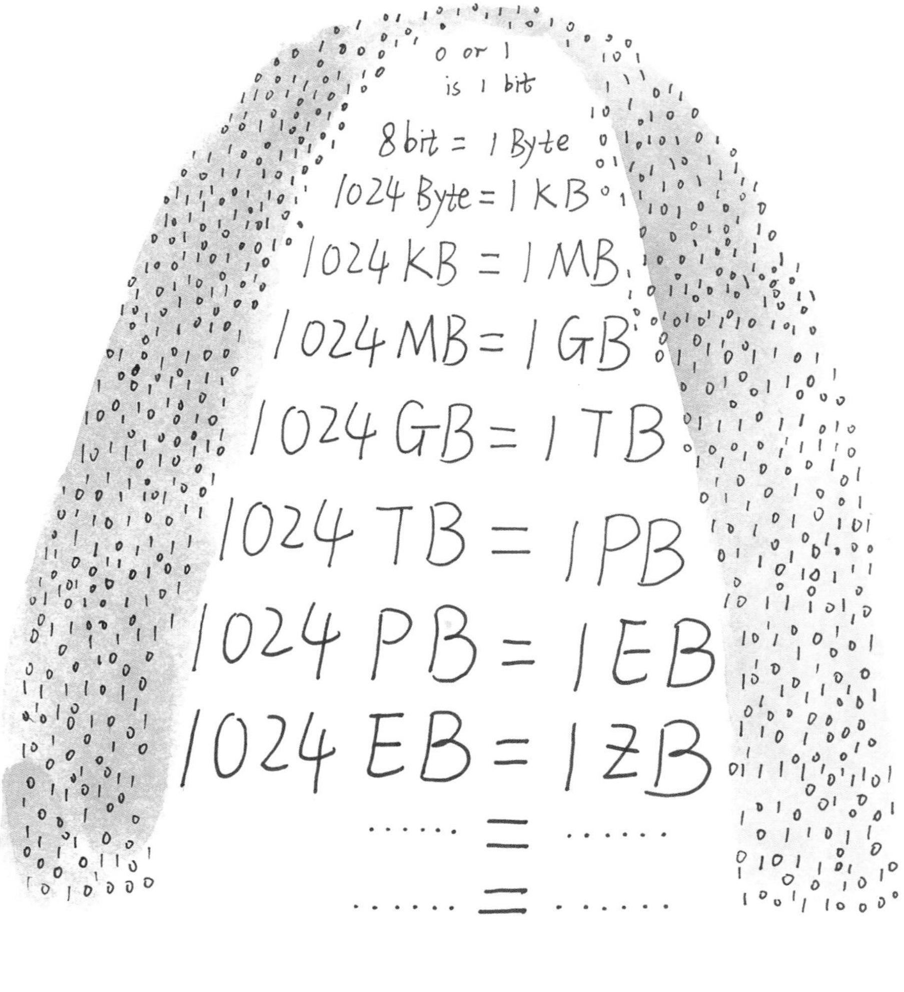

0 or 1
is 1 bit

8 bit = 1 Byte

1024 Byte = 1 KB

1024 KB = 1 MB

1024 MB = 1 GB

1024 GB = 1 TB

1024 TB = 1 PB

1024 PB = 1 EB

1024 EB = 1 ZB

······ 三 ······

······ 三 ······

早在 2012 年，一组名为"互联网上一天"的数据告诉我们，一天之中，互联网产生的全部内容可以刻满 1.68 亿张 DVD；发出的电子邮件有 2940 亿封之多（相当于美国两年的纸质信件数量）。Google 是全球最大的搜索引擎，2015 年的数据显示 Google 代码量达 20 亿行，其代码库每天处理 85TB 数据。2019 年 6 月，全球互联网用户数达到 44 亿，这 44 亿人每天都在产生海量的数据，那么，这些数据是如何存储和管理的呢？

　　小文，你知道，数据的最小单位是 bit，8 个 bit 构成一个字节（Byte），1024 个字节就是 1KB（1KB=1024B），随着处理信息量的增多，人们又定义了数据单位 MB（1MB=1024KB）、GB（1GB=1024MB）、TB（1TB=1024GB）。曾几何时，人们觉得 GB 的数据单位已经够大了。但现在，数据量又从 TB 级别跃升到 PB（1PB=1024TB）、EB（1EB=1024PB）乃至 ZB(1ZB=1024EB)、YB(1YB=1024ZB) 级别。

　　如果回顾一下计算机数据处理发展的历史，你会发现这一切发展实在太快，怪不得崔健老在唱——不是我不明白，是这世界变化快——哈哈。

　　大概 70 多年前，计算机还刚诞生不久，那时候的计算机体积十分庞大，但是功能非常单一，只能处理数字，不能处理字母和符号。

　　想在电脑上看小说？

　　在当时，那是不可想象的！

　　计算机不能处理字母和符号是很不方便的，所以到 20 世纪 50 年代初，人们发明了字符发生器，这时计算机才具有了显示、存储与处理字母和各种符号的能力。字符处理需要高效的存储设备来存放，人们又发明了磁带机，这些技术很大程度上提高了计算机的数据处理能力。

随后，人们又觉得磁带机的读写速度也慢了，人们又发明了磁盘。总之，计算机数据处理的硬件条件不断得到改善。

它曾经只识数，不识"字"

相较于硬件条件的改善，计算机数据处理的软件就有点跟不上了。

初期的数据处理软件只有文件管理这种形式，采用文件管理的形式管理数据问题很多，比如存在相同数据重复存放、数据前后不一致，程序的编制、维护困难等一系列的问题。

针对这些问题，学者专家埋头研究，一系列的探索与实验之后，出现了一种新的数据管理技术——数据库技术。

数据库可以形象地比喻为数据存放的仓库，仓库的结构设计合理才能更好地存放数据，当时的人们给数据库设计了这样的两种类型：层次型数据库和网状数据库。

形象地说，层次型数据库把数据的内在结构采用一棵倒置的树的形式来存放，它的灵感会不会来源于设计者树下散步时的思考呢？哈哈。

层次型数据库采用一种类似倒置的树的形式来存放数据

　　层次型数据库的出现克服了计算机文件管理系统的内在缺陷，很快地，Rockwell 公司与 IBM 公司合作成功研制了一个层次型数据库管理系统——IMS（Information Management System），IMS 为阿波罗飞船 1969 年的顺利登月作出了贡献。

　　但是现实世界中事物之间的联系更多的是非层次关系的，用层次模型去表示那些非树形结构的数据显得力不从心，网状模型数据库的出现克服了这一弊病。形象地说网状数据库采用一种类似渔网形状的数据结构，其灵感是否来自网状数据库之父的某次钓鱼不得而知。

网状数据库的网状模型

　　第一个网状数据库管理系统是美国通用电气公司的巴赫曼（Charles Bachman）等人在 1964 年开发成功的 IDS（Integrated Data Store），巴赫曼由于这方面的贡献被公认为"网状数据库之父"，并获得了 1973 年的图灵奖。

　　层次型数据库和网状数据库的出现，使得计算机在数据处理方面的能力得到了极大提高。

晚饭时，母女俩聊到数据库的话题时，妈妈说：

到了 20 世纪 70 年代初期，又出现了一种新型的数据库，其风头很快盖过了层次型数据库和网状数据库，在数据库领域一枝独秀。

新擂主——关系数据库

小文：这种新型的数据库又是什么啊？

妈妈：这种数据库叫关系数据库，用关系的概念来建立数据库的数学模型，是一个叫科德的英国人的创举。

小文：前面的那个词，"关系"是什么意思？

妈妈：还记得吗，前面我们说集合里面盛放的是离散的个体，但是这些离散的个体并不是完全独立存在的。邓恩（John Donne）那句著名的诗是怎么说的——

谁都不是一座孤岛，

每个人都是广袤陆地的一部分，

如果海浪冲掉了一块岩土，

欧洲就缩小了一块……

我觉得，有时候诗人和数学家表达的东西其实是相通的，只是表达方式不同而已。

小文：咳，请直说，不要绕弯子。

妈妈：好吧，离散的个体并不是孤立的，因为所谓的"孤岛"是不存在的，"关系"其实就是离散个体之间的联系，我们两个就可以构成一个关系："母女关系"。

小文：嘻嘻！那它跟数据库怎么可以扯得上？

妈妈：个体间的联系在生活中无处不在，无论是计算机还是数学，它们的一些概念本身就来源于生活。同样的，无论是树形结构的层次型数据库、渔网形式的网状数据库，还是科德提出的关系数据库，其实都是想更好地表达生活中的这种联系。

小文：那科德提出的新东西和之前的两种有什么区别呢？

妈妈：要弄清楚这个问题，你还是得看看我的讲义哦！

从母鸡产鸡蛋谈起

"关系"一词是如此具有中国特色，以至于被收入《牛津英语词典》。

但什么是"关系"？在中国人看来，很多时候是只能意会不能言传的。

大约 50 年前，科德从数学角度给出了"关系"的严格定义。在了解科德的理论之前，我们先看看一个例子，我们都知道母鸡产鸡蛋，奶牛产牛奶，那么我们来看下面两个集合：

A ={ 奶牛、山羊、母鸡、大象 }，

B ={ 牛奶、羊奶、鸡蛋、玉米 }。

观察后，我们可以看到这两个集合中一些元素之间可以建立一种关系，即构成一个"什么"产"什么"的关系。

奶牛产牛奶，山羊产羊奶，母鸡下鸡蛋，所以〈奶牛，牛奶〉、〈山羊、羊奶〉、〈母鸡、鸡蛋〉都属于这个生产者和被生产者的关系。

因为"大象"不产"玉米"，所以〈大象，玉米〉是不属于这个关系的。

在这个例子中，〈母鸡，鸡蛋〉表示的含义是"母鸡产鸡蛋"，因此〈母鸡，鸡蛋〉≠〈鸡蛋，母鸡〉就不难理解了。

下面这个图可以比较直观地表示这个生产者和被生产者的关系：

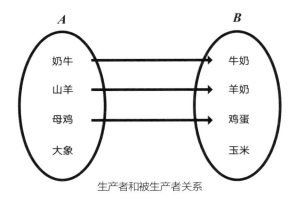

生产者和被生产者关系

再比如，我们前几天到图书馆去各借了两本书，你借的是《动物农场》和《1984》，我借的是《漫长的告别》和《夏先生的故事》，这时我们两个人和图书馆的这四本书就构成一个借阅关系：

　　你们班考了数学，班上的同学拿到自己的分数，这时，你们班的每个人就和这些分数之间构成一个考生与分数的关系，你说对吗？

　　你到超市去购物，出来的时候，手里拿着一张 POS 机上打出的购物小票，这其实就记载了这次购物的过程中你与"超市商品"的关系。

　　这样的例子还有很多，小文，如果我说"关系无处不在"，你同意吗？

朋友的朋友还是朋友吗？

不同的关系有不同的性质，搞清楚这些关系的性质有助于我们深入地了解事物之间的联系。

比如谈到生日，我可以说我自己跟自己生日相同。

再看两个人之间的朋友关系，如果我一个朋友都没有，我可以说自己跟自己是朋友，对吧？

两个整数之间的整除关系，我也可以说一个非零的整数自己可以整除自己。

这里，我们可以说生日相同关系、朋友关系、非零整数之间的整除关系具有"自反性"。

但是，你想想，母子关系、借书关系、小于关系就不具有自反性，你说是不是？

张三跟李四生日相同，则李四跟张三生日肯定相同。

张三和李四是朋友，李四肯定与张三是朋友（说明一下哦，这里的"朋友"指的是相互认识）。

所以，我们说生日相同、朋友关系具有"对称性"。

小文，你看看，整除、母子关系、大于关系、小于关系有对称性吗？

当然，答案是否定的。

对于生日相同关系——如果张三和李四生日相同，李四和王五生日相同，那么张三肯定和王五生日相同，对不对？因此我们说生日相同关系具有"传递性"。

但是，小文，你跟你的朋友的朋友还是朋友吗——答案是不确定的，所以说朋友关系不具有传递性。

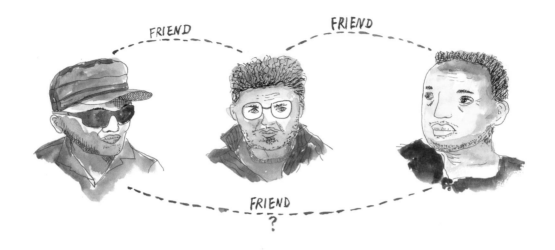

有的时候，我们可以用图的形式来表示关系的这些性质，方法是这样的，不管是人、是物还是数字，我们统统将它们抽象成离散的点，如果"某个点"与"某个点"存在某种关系，那么，我们就用一条带箭头的弧线将两个点（也可以是同一个点）连起来：

自反性   对称性

传递性

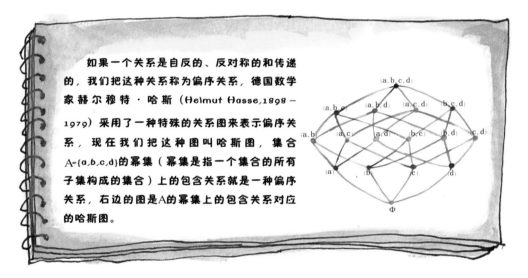

如果一个关系是自反的、反对称的和传递的，我们把这种关系称为偏序关系，德国数学家赫尔穆特·哈斯（Helmut Hasse,1898－1979）采用了一种特殊的关系图来表示偏序关系，现在我们把这种图叫哈斯图，集合A={a,b,c,d}的幂集（幂集是指一个集合的所有子集构成的集合）上的包含关系就是一种偏序关系，右边的图是A的幂集上的包含关系对应的哈斯图。

关系无处不在，同时关系也是千差万别的，小文，你说对吗？

爸爸的爷爷和爷爷的爸爸是同一个人吗?

小文，你爸爸的爷爷跟你爷爷的爸爸是同一个人吗?

小文

小文的爸爸

小文爸爸的爸爸

小文爸爸的爷爷

答案是肯定的。

这是因为你爸爸的爷爷和你爷爷的爸爸同属父子（女）关系（设为 R）的三次合成，即 $R \circ R \circ R = R^3$。

妈妈的外婆和外婆的妈妈是同一个人吗?

小文

小文的妈妈

小文妈妈的妈妈

小文妈妈的外婆

答案也是肯定的，因为你妈妈的外婆和你外婆的妈妈同属母子（女）关系（设为 S）的三次合成，即 $S \circ S \circ S = S^3$。

那么，妈妈的奶奶与奶奶的妈妈是同一个人吗？

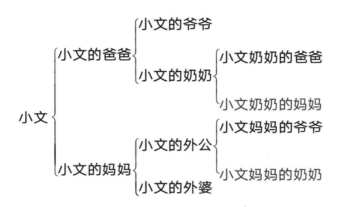

这样看来，妈妈的奶奶与奶奶的妈妈不是同一个人。这是因为，奶奶的妈妈其实涉及的关系运算是 $R \circ S \circ S$，而妈妈的奶奶涉及的关系运算是 $S \circ R \circ S$。

同样的道理，爸爸的外公和外公的爸爸也不是同一个人。

现在，你应该可以发现，关系也是可以运算的。

这一次，妈妈的邮件内容很少。

妈妈觉得与集合中的一些概念比起来，"关系"这个概念显得比较抽象，要通俗地解释有些难办。也难怪科德在刚提出关系数据库的时候，得不到 IBM 高层的关注。

这天早晨，天下大雨，小文破天荒地冒着大雨出去买她喜欢吃的凉面。

不一会儿，小文带着两份凉面颠颠儿地跑回来了，然后一边抱怨雨打湿了她的鞋，一边津津有味地吃起面来。

妈妈漫不经心地吃着，若有所思地喃喃自语："吃面，小文在吃面。"

小文乐了："是啊，我是在吃面，怎么了？"

妈妈："是小文在吃面，不是面在吃小文。"

小文吃吃地笑着："对！"

"因此，如果用有序对表示的话，〈小文，面〉不等于〈面，小文〉。"

〈小文，面〉≠〈面，小文〉

"当然。"

"你买的面多少钱一碗？"

"5块！"

"好，我们可以把信息扩展一下，就像这样：小文在吃一碗5块钱的凉面，时间是7月25日。"

小文："这下包含的信息就多了。"

"是的，类似这样的信息，怎么在计算机中存储呢？——问题的关键是采用什么样的数据结构存储？"

"你不是说科德想了个好办法吗？"

"是的，科德想出这样一种办法，既不是树也不是网，而是用一种类似二维表的方法来存放这些数据。"妈妈一边说着，一边随手画了下面这张表：

小文	凉面	5元	7月25日
小文	豆浆	2元	7月25日
小文妈妈	炸酱面	6元	7月26日

小文："这张表看起来很直观呢。"

"是的，你看这张表其实是由 3 个有序组合构成的：

"〈小文，凉面，5 元，7.25〉；

"〈小文，豆浆，2 元，7.25〉；

"〈小文妈妈，炸酱面，6 元，7.26 〉。

"由很多很多这样的有序组合构成的一张张 '二维表'，就是科德所说的'关系'。哈哈，这样解释清楚吗？其余的自己看咯，我要到实验室去啦！"

妈妈说完，丢下几张讲义，踩着高跟鞋，"噔噔噔"地出门了。

关系与关系数据库之父

科德将他的思想最终收集到他在 1970 年发表的一篇名为《用于大型共享数据库的关系数据模型》的论文中，这篇论文为数据库系统提出了一种崭新的模型。

论文的核心思想就是：采用"二维表"（Table）这种结构来存储和操作数据。之所以叫二维表，是因为它由行和列构成。比如，下面这张表就是一张"学生信息"二维表，由 4 条记录（Record）构成，每一行代表一条记录，而在实际的应用中记录会多得多。二维表的每一列称为属性，这张二维表包含了学生姓名、学号、课程、成绩四种属性。

学生姓名	学号	课程	成绩
Anna	208101	大学英语	82
Bob	2008102	大学英语	90
Alice	2008307	大学英语	78
Tom	2008312	大学英语	86

这种新型的数据结构不同于已经存在的层次模型和网状模型，科德把这样的二维表格形式的数据模型叫作"关系模型"。关系型数据库是由许多这样的二维表所组成的。

科德的这篇论文，为关系数据库技术奠定了理论基础，美国计算机协会在

1983 年把这篇论文列为从 1958 年以来四分之一世纪中具有里程碑意义的 25 篇研究论文之一。

　　科德一生具有传奇色彩，他 20 岁应征入伍参加第二次世界大战，在英国皇家空军服役，21 岁任盟军空军机长，参与了许多惊心动魄的空战。二战结束后，他到牛津大学学习数学，之后在 IBM 公司任职。20 世纪 60 年代，他已年近 40，又重返校园进修，50 岁的时候为数据库领域开辟了一个新的时代。由于科德的杰出工作，他在 1981 年获得图灵奖，被誉为"关系数据库之父"。

埃德加·科德

流行的几种大中型关系数据库 LOGO

不过，科德的理论公开后，并没有立即被他所在的 IBM 公司采用。其中一个原因是科德的想法在当时并没有被人们理解，另一个原因是 IBM 已经对当时销售还不错的层次型数据库管理系统 IMS 进行了大量的投资。

总之，由于种种原因，蓝色巨人放弃了这个后来价值上百亿的产品。

真正将关系数据库商业化并推向市场的是甲骨文（Oracle）的创始人拉里·埃利森（Larry Ellison）。这将涉及另一段传奇故事了，我们暂且不谈这段传奇，还是先来看看科德曾经显得曲高和寡的思想是什么样的。

举例来说，假设你开学时到某大学的计算机学院报到后，学校会给你这个新生一个编号，比如是 201900231，他们会在类似 student 这样的表中**增加**一行记录（当然，实际上信息会更多）：

"201900231，王小文，计算机科学与技术"。

这时，涉及的其实是关系的"并"运算，将新"增加的行"与 student 表中"原来的行"进行的一个"并"运算。

如果小文你读了几天不想读了，你想要换个专业（当然我不鼓励这种事情发生，这只是打个比方哦），那么你所在的学院就得删除你的信息。这其实是将 student 表中的行与"王小文"所在的行，进行的一个"差"运算。

因为关系也是一类特殊的集合，所以这里关系的"并"和"差"运算，跟集合的"并""差"运算的性质其实是一样的。

仅有这些运算还不够，因此，科德又专门定义了一组新的运算：选择、投影以及连接、除等。

比如，从 student 表中找出姓名为"王小文"的学生，要用到"选择"运算，选择运算其实是选取"表"中满足条件的"行"。

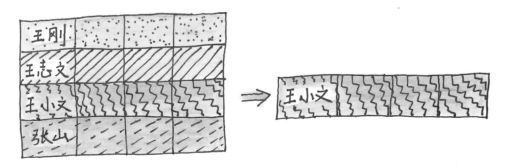

选择运算其实是选取"表"中满足条件的行

从 student 表中查询所有学生的"姓名"和"学号"信息要用到的是"投影"运算，投影运算是取"表"中指定的"列"。

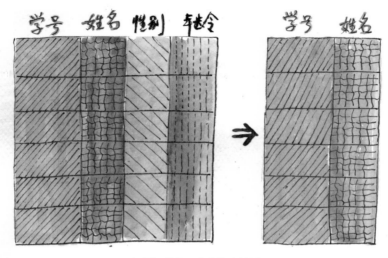

投影运算是取表中指定的列

如果我们要查询的信息不在一张表上怎么办呢？没关系，科德为我们设计了关系的"连接"运算，连接运算可以在两张表的笛卡儿积中根据我们的需求组成新二维表。

比方说我要查询的信息："学生""选修课程""课程学分"分布在两张表，即 A 表和 B 表中，运算的过程是怎样的呢？

首先我们求出两张表的笛卡儿积 A×B，这样可以将两张表的信息综合起来。

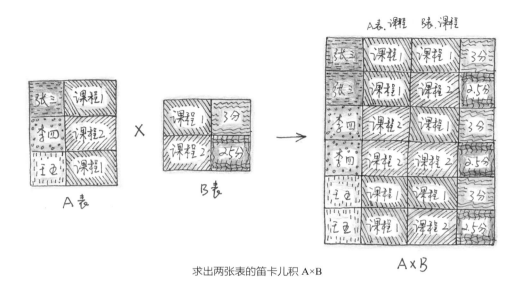

求出两张表的笛卡儿积 A×B

但是两张表的笛卡儿积会产生一些冗余的信息，这时，我们可以用"连接"运算去除那些对本次查询无意义的信息，具体过程可以是这样的：从 A×B 笛卡儿积选取符合"A 表 . 课程 =B 表 . 课程"条件的"行"，再去掉重复的"列"，这样我们就查询出了所有学生的选修课程以及学分的信息了（实际上有多种连接运算，这里列举的是其中一种）。

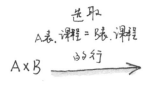

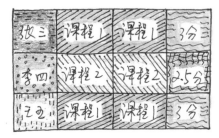

"连接"运算的过程

两张表还可以进行所谓的"除"运算，下面的图表示的是一个"除"运算的过程，即查询出选修课程 1 和课程 3 的学生是学生甲。

运算的过程是这样的：

先求出 A 表中学生甲选修的课程：{ 课程 1，课程 2，课程 3 }；

再求出 A 表中学生乙选修的课程：{ 课程 2，课程 3 }。

求出 B 表在课程属性上的投影，即取 B 表"列"的值：{ 课程 1，课程 3 }。

可以看出学生甲选修的课程包含了 B 表的投影。

所以最后查询的结果为：选修课程 1 和课程 3 的学生是学生甲。

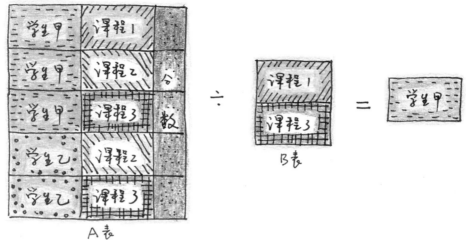

"除"运算的过程

这些运算构成了一种新的代数——关系代数，关系代数算来算去全是表，运算的结果也是表。

你想学计算机数据库语言吗？它的名字叫"SQL"

在科德提出关系数据库的概念之初，不少人或者以怪异的思想视之，或者对它半信半疑（唉，人们对新思想总是这样）。

在 IBM 工作的唐纳德·钱柏林（Donald D. Chamberlin）认为，科德提出的关系代数和关系演算过于数学化，很难成为广大程序员和使用者的编程工具，如果这个问题不解决，关系数据库就无法普及。

因此钱柏林和同事雷蒙德·博伊斯（Raymond F. Boyce）设计出了一种用于操作数据库的简化语言，这是一种关系表达式语言，后来被命名为 SQL 语言，它的全称是结构化查询语言（Structured Query Language，SQL）。SQL 语言简单易学，功能丰富，它的出现使得数据库系统的操作变得容易，也就是说用户只需要提出"做什么"，而无须指示"怎么做"，这样，即使对数据库内在结构不熟悉的用户也可以很快地掌握。

SQL 功能极强，语言十分简洁，经过巧妙的设计，完成核心功能只需要 9 个动词，更主要的是它接近英语口语，容易学习，容易使用。

SQL 使用的 9 个核心动词

20 世纪 80 年代后期，SQL 语言逐渐成为关系数据库管理系统的标准语言，并且从那以后 SQL 成为应用最广的数据库专用语言。

科德是开创者，钱柏林是紧跟的推动者。

1988 年，由于"革命性地改变了数据库系统行业的面貌"，钱柏林获得了美国计算机协会颁发的"软件系统奖"。2009 年，也因为他在 SQL 语言上的贡献，波士顿计算机历史博物馆为他设立了一个蜡像，他也是当今可扩展标记语言（XML）的数据查询语言 XQuery 的创造者之一。同时，钱柏林也是一个富有生活情趣的人，工作之外他喜欢的运动有帆板、皮划艇、摩托车。

晚上，母女俩在饭桌边上继续讨论。

妈妈：基本的 SQL 命令只需很少的时间就能学会，有的命令几天之内就可以掌握。

小文：真的吗？

妈妈："让不懂计算机的外行也能掌握 SQL"——这是钱柏林他们最初的愿望。据说当年 SQL 语言开发项目组的人野心很大，想借此实现普通大众也能广泛应用计算机的梦想。项目组找来了一位语言学家，这位语言学家跑到圣荷塞州立大学，找了许多不懂计算机的大学生，教授他们 SQL 语言，就像白居易当年对老妪吟诗那样，寻找改进的方案。

小文：可以举个例子吗？我是说 SQL 语言。

妈妈：当然可以，比如数据库中有一张名为 book_information 的表存放着一些图书的信息，你想找村上春树的书，对应的 SQL 命令可以是这样：

SELECT book_name FROM book_information WHERE writer_name="村上春树"

这条 SQL 命令的含义是这样：在"book_information"的表中查找作者名为"村上春树"的书名。"SELECT"用于数据查询，是 SQL 语言 9 个核心动词中使用最多的一个。

小文：看起来跟英语差别不是很大呢，不过真要是让奶奶来记恐怕她还是记不住！

妈妈：对于普通用户来说要记这样的东西他是会嫌麻烦的。实际上你只管在系统提供的图形界面上输入"村上春树"四个字就可以了，就像这样。

妈妈在电脑上打开学校图书馆主页，敲了几下键盘。

在馆藏图书中查找村上春树的书

小文：嗯，是的，类似这样的页面是用得很多，但这跟 SQL 语言有什么关系吗？

妈妈：是这样的，也就是当你输入"村上春树"，鼠标点"检索"之后，这套图书管理系统的"后台"执行的可以是这条 SQL 命令：

SELECT ★ FROM book_information WHERE writer_name＝"村上春树"

这条命令的含义是从 book_information 这张表中去找到满足作者名是村上春树的"行"，并列出所在行的全部信息，"★"的含义是显示符合条件的"行"的所有"列"的信息。这条指令引发的实质上是对数据库中那张"二维表"的一个"选择"运算。

检索到 40 条 责任者=村上春树 的结果

题 名 ▼ [   ] 在结果中检索 重新检索

所有图书 **可借图书**

按照： 入藏日期 ▼ 降序 ▼ 排列

1. 东京奇谭集 I313.45/595
村上春树著
_____出版社 2006
☆☆☆☆☆ (0) 馆藏 ▼

2. 日出国的工厂:随笔 I313.65/69
村上春树著
_____出版社 2012
☆☆☆☆☆ (0) 馆藏 ▼

3. 地下 I313.55/24
村上春树著
_____出版社 2011
☆☆☆☆☆ (0) 馆藏 ▼

馆藏系统查找后的结果

小文：哦，是不是这样，也就是说我在电脑上的一个查询，系统是通过 SQL 命令和关系的运算去完成的。

妈妈：正确，尽管普通的用户感觉不到。

小文：这样说来，我们高考分数的查询，电脑也是这样执行的？

妈妈：不仅仅是你的高考分数，还有我的电子违章、我们银行卡的余额，计算机实际上都可以通过 SQL 语句去数据库中查询得到。

小文：好吧，有机会我也来试试 SQL 语句。

妈妈：上大学后将会用到的，现在，你有没有体会到"关系"与"关系数据库"之间的关系了啊？

小文：有一点了。

妈妈：妈妈生下一个孩子，这个世界就增加了一个母子关系；当你到图书馆去借了一本《平凡的世界》，你和那本书就建立了一个借书关系；你到超市去买了块口香糖，你参加了一次考试，看了场电影，无一不是关系的体现呢！

所以说，当你用离散的眼光去看这个世界的时候，你应该注意到离散的个体之间其实存在千丝万缕的联系，而数据库就是存储和管理这些五花八门联系的数据仓库。

不过，小文，你要知道，计算机是一个不断推陈出新的领域，在这个领域，一种技术如果使用了上十年，往往就意味着高龄。

数据库技术也是如此，关系数据库从异军突起到铺天盖地地应用，经历已近四十年。逐渐地，人们发现传统的关系数据库并不是没有缺点，它在应付一些超大规模和高并发类型的网络构架上有些力不从心。

这时，有人又提出了对关系数据库持否定意见的"No SQL"思想。

No SQL的含义是"Not only SQL"，即"不仅仅是SQL"或者"仅仅用

SQL是不够的"。No SQL的拥护者也及时推出了一些No SQL类型数据库。

让我们拭目以待，看看 No SQL 这个数据库新宠被下一个数据库新宠取代需要多久吧。

当妈妈生下一个孩子，这个世界就增加了一个母子关系，对于妈妈和这个孩子来说，这个关系是不变的，但对于数据库专家们来说，描述这种关系的方式却是在不断变化着……

妈妈生下一个孩子，这个世界就增加了一个母子关系，

对于数据库专家们来说，描述这种关系的方式在不断变化……

3 "0" 和 "1"

这天，小文和妈妈在操场上散步的话题是她们最近一起看的英剧《神探夏洛克》。

小文是剧中福尔摩斯扮演者本尼迪克特的粉丝，散步时一遍一遍地絮叨着，"男主角太帅了"，"BC 太帅了"。

BC 是本尼迪克特的昵称，小文最近总是 BC 长 BC 短的。

妈妈心不在焉："哦，是吗？要不考你一个逻辑推理题？"

"好啊！"

"给你线索 1+1=2，1+2=3，请问你的推理结果是什么？"

"难道是 3+1=4，或者 2+3=5 ？"

"请注意，这是推理题，我的参考答案是 1+1+1=3。"

"这个……"

"不仅是神探们要用推理，普通人也经常用推理。比如成语'守株待兔'，那个捡兔子的人用到的其实是逻辑中的归纳推理。再比如，我连着三天很晚回家，运用归纳推理，到第四天你是不是会推想我仍然会回来很晚呢？"

"有可能。"

"其实推理是人类的本能，早在 2000 多年前，亚里士多德就提出：在整个自然界中，人类是最高级的，人类心智最主要的特征就是具有逻辑推理的能力。"

"能举个例子吗？"

"一个例子是这样的：

"大前提说的是：所有人都是要死的；

"小前提是：苏格拉底是人；

"结论是：苏格拉底也是要死的。

"这是亚里士多德创建的逻辑推理三段论中的一个著名例子。"

小文说："现在计算机逻辑推理也超级厉害啊，前段时间的人机围棋大战，电脑程序'阿法狗（Alpha GO）'不是下赢了李世石吗？"

"计算机程序是可以逻辑推理的，不过这个过程可是经过了很长时间啊。大概300多年前，德国大数学家莱布尼茨曾设想创造一种'通用的科学语言'来完成自动推理，想让逻辑推理过程像数学计算一样，通过计算得出最终的结论。"

"这个想法在当时应该很超前。"

"莱布尼茨的想法是建立推理的一种通用运算，在当时社会条件的限制下，他的想法并没有实现。一直到100多年后，一个叫布尔（George Boole）的英国人才完成了这个工作。"

"布尔，这个名字怎么有点熟呢？"

"你们计算机课学的编程选修课，是不是有变量叫布尔变量呢？这是为了纪念布尔的工作而命名的。布尔出生贫寒，自学成才。他出版了一本书叫《思维的规律》，这本书并不厚，但足以奠定布尔的地位。"

"这本书讲什么？"

"布尔在这本书中创造了一套符号系统，也就是利用一些符号来表示逻辑推理中的各种概念。此外，布尔还给出了推理运算的一些基本规则。"

"就是说，布尔让推理真的可以运算起来了。"

"可以这么说，别看现在布尔的名气这么响亮，但在当时，人们对他提出的那套后来被称为'布尔代数'的理论并不理解，直到又一个关键人物的出现，才发现了布尔代数的重大价值。"

"哦，这个人是谁呢？"

"香农（Claude Shannon）。"

"没听说过。"

"以后你会经常听到这个名字的。可以这样说，以莱布尼茨为首的一些人提出了自动推理的想法，布尔根据这个想法制定了一套只有0和1参与运算的运算规则。80多年后香农拾起布尔丢下的接力棒，把布尔的理论用在他的电路设计中。也许是命运的安排，几乎同时，图灵在一篇论文中画下了他心中的计算机的雏形——图灵机，若干类似这样的大事件综合起来，最终构建了我们现在每天赖以生存的网络世界。"

"拜托，你说的人名太多了，我一下子可记不住！"

"哦，好吧。不过，你至少应该知道，0和1是两个非常神奇的离散符号，构建出的数字大厦非常宏伟。"

"是够神奇的，都已经万物皆比特了。"

"哈哈，理解得不错嘛。算了，不管比特的事了，我们来跑个几圈如何？"

"行啊！"小文是跑步好手，"不过你的速度太慢了。"

"那就来个龟兔赛跑吧。"

两个人开始慢跑起来，夜幕下从远处看，操场上两个离散的点的距离越拉越大了。

朋友是粪土

小文，你要是听到有人这样夸口："我这个人啊，朋友值千金，视黄金如粪土。"你会怎么想？你会觉得这个人很豪爽吗？

据说逻辑学家金岳霖十几岁时就发现这句话有逻辑问题，他发现这两句话可以推导出：朋友是粪土！

看来，我们即使当不上福尔摩斯和柯南那样的推理高手，还是有必要了解一些推理的基本常识，免得说出类似"朋友是粪土"的话来。

逻辑研究的中心问题是推理，而推理所需要的前提和得出的结论都是命题。

什么是命题呢？所谓命题就是能判断真假的陈述句。

比如"2018 年世界杯举办国是俄罗斯"，"所有人都是要死的"以及"苏格拉底是人"都是真值为"真"的真命题。

类似于"你有铅笔吗？""这只兔子跑得真快呀！""请不要讲话！"是不能作为推理的"食材"的，因为这三句话分别是疑问句、感叹句、祈使句，它们都不是命题。

再看这句话：我正在说谎——这是命题吗？

如果"我正在说谎"是一个真命题，则表示"我正在说谎"是一句真话，这就和命题本身的含义相矛盾。

如果"我正在说谎"是一个假命题，则表示"我正在说谎"是一句假话，即"我正在讲真话"，而这又和"我正在说谎"相矛盾。

我在说谎。

这样看来"我正在说谎"无论是真是假，都会带来矛盾，因此，我们说这句话是一个悖论。

小文，从前面的理发师悖论，你是不是已经体会到了悖论带来的麻烦。

悖论的英文 paradox 一词，来自希腊语，意思是未预料到的、奇怪的。

"我正在说谎"源于一个著名的说谎者悖论，这个悖论在不同的时候曾有不同的表示形式，一个比较有代表性的表述是这样的：

古希腊克里特先知伊壁孟尼德（Epimenides）曾经说过："所有的克里特人都是说谎者。"伊壁孟尼德说的这句话是真话吗？

"说谎者悖论"还可以是下面的形式：

有一张扑克牌，它的一面印有这样一句话："牌的背面是真话。"但是在这张牌的背面也印有："牌的背面是假话。"你该怎样看这张牌呢？

悖论长久以来让数学家着迷，并引发数学的多次变革。

公元前 5 世纪古希腊哲学家芝诺 (Zeno) 因为提出了一系列的悖论而出名，其中比较有名的悖论有"擅跑的阿基里斯跑不过乌龟""飞矢不动"等。

一批以芝诺为代表的人认为悖论在本质上揭露了逻辑思维的欺骗性，而亚里士多德则不以为然，他认为悖论是不合逻辑的，只是一些华而不实的推理练习而已。

数学家一直想干这样一件事，为数学建立一个免于逻辑循环的坚实基础，但悖论始终是实现这一蓝图的绊脚石。

由于悖论带来问题至今难解，所以数学家们制定了如下"军规"以绕开这个绊脚石：悖论不是命题。

"真值表"与"九九乘法表"一样重要

我们可以将一些"简单"命题经过一番组合，构造成一些更"复杂"的命题。

比如"2018年世界杯，巴西队没有小组出线"，其实是"2018年世界杯，巴西队小组出线"的否定形式。前者为"假"后者为"真"。显然真命题的否定是假命题，而假命题的否定是真命题。

对于大多数简单命题，很容易构造它们的否定命题。

看这个命题：今天是星期天，并且我在家休息。

这里，用到一个词"并且"将"今天是星期天"和"我在家休息"这两个命题连接起来构成一个新的命题。这个新的命题只在"我在家休息的星期天"为真，不是星期天命题为假，是星期天我不在家也为假。

再看这个命题：选修过英语或者法语的学生可以参加面试。

这里使用"或者"一词把"选修过英语的学生可以参加面试"和"选修过法语的学生可以参加面试"这两个简单命题连接起来。

哪些人可以参加面试呢？选修过英语和法语或者选修过其中一门的都可以参加面试。

小文，你看，我们可以使用"没有""并且""或者"这样的一些逻辑连接词，将一些"简单"命题构造成比较复杂的"新"命题，并且"新"的命题同样也可以断定真和假。

这里面是否有规律呢？

布尔思考了这个问题，他的想法是这样，可以把命题看作是运算对象，如同代数中的数字、字母和代数式，而把逻辑连接词看作运算符号，就像代数中的加、减、乘、除符号那样，那么简单命题组成复合命题的过程，也就是命题的演算过程。

布尔的思想被总结到他的一本名为《思维的规律》的书中，这本书的核心思想可以用下面这张表来表示。现在我们把这样的表叫逻辑运算的真值表（下表中∨表示"或者"，∧表示"并且"，～表示否定，1表示命题真值为真，0表示命题真值为假）：

逻辑运算真值表

x	y	x ∨ y	x ∧ y	～x
0	0	0	0	1
0	1	1	0	1
1	0	1	0	0
1	1	1	1	0

现在，我们一般把"并且"构成的逻辑运算称为**"与"运算**，"或者"构成的逻辑运算称为**"或"运算**，把命题的否定称为**"非"运算**。

"与""或""非"运算是最常见的逻辑运算，逻辑运算时牢记逻辑运算的真值表是很重要的，其重要性如同算术运算的九九乘法口诀。

19世纪后期至20世纪初，皮尔斯（Charles Sanders Peirce）和其他的数学家拓展了布尔提出的基本逻辑运算：

或非（NOR）：命题 p NOR q 只在 p 和 q 都为假时为真，其他情况都为假。

与非（NAND）：命题 p NAND q 在 p 为假或 q 为假或两者均为假时为真，当 p 和 q 为真时为假。

命题 p NOR q 和命题 p NAND q 的符号表示分别是 p ↓ q 和 p ↑ q。

运算符 ↓ 和 ↑ 分别以查尔斯·皮尔斯和谢佛（Henry M. Sheffer）的名字命名，称为皮尔斯箭头和谢佛竖（谢佛竖有的书标记为 | ）。

试一试这些逻辑趣题吧

求解逻辑趣题是训练逻辑思维的一种好方法。

一些逻辑学家对逻辑趣题很感兴趣，雷蒙德·斯穆里安（Raymond Smullyan）是其中一位，他出版了十多本逻辑趣题和逻辑推理的书。斯穆里安还写过几本有关国际象棋的书，同时他还是一位杰出的音乐家。

他提出的逻辑趣题很有挑战性和娱乐性，下面的这个例子是斯穆里安诸多逻辑趣题中的一个：

一个岛上居住着两类人——骑士和流氓，骑士说的都是真话，而流氓只会说谎。有一天你来到这座岛上，你碰到两个人 A 和 B，如果 A 说"B 是骑士"，B 说"我们两人不是一类人"。

请判断 A、B 两人分别是骑士还是流氓。

设想如果 A 是骑士，那他说的"B 是骑士"就是一句真话，所以 B 是骑士。但是如果 B 也是说真话的骑士，就和 B 这个骑士说的"我们两人不是一类人"相矛盾。

再看如果 A 是流氓，那他说的"B 是骑士"就是一句假话，所以 B 是流氓，那么 B 说的"我们两人不是一类人"就是一句假话，这是符合 A 是流氓的假设的。

所以结论是：A 和 B 都是流氓。

下面再看看一个与两个孩子有关的"泥巴孩子难题"。

父亲让两个孩子（一个男孩，一个女孩）在后院玩，并告诉他们不要把身上搞脏。然而两个小孩在玩的过程中把爸爸交代的话给忘记了，他们的额头上都沾了泥巴。

当孩子们回来后，父亲说："你们当中至少一个人额头上有泥。"

然后他问了孩子们**两遍**："你知道你额头上有泥吗？"

孩子们将会怎么回答呢？

假设每个孩子都可以看到对方额头上是否有泥，但不能看见自己的额头，再假设孩子们都很诚实并且都**同时**回答每一次提问。

我们可以这样分析：

令 s 表示命题"男孩的额头有泥"，d 表示命题"女孩的额头有泥"。

当父亲说："你们当中至少一个人额头上有泥"时，表示"s 或 d"为真。

这时两个小孩都只能看到对方的额头上有泥，也就是说，儿子知道 d 为真，但不知道 s 是否为真；而女儿知道 s 为真，但不知道 d 是否为真。

所以当父亲第一次问那个问题时，两个孩子的回答将是"不知道"。

在男孩对父亲的第一次询问回答"不知道"后，女孩可以判断出 d 必为真。

同样，在女孩对父亲的第一次问话回答"不知道"后，男孩也可以判断出 s 为真。

因此，两个孩子的第二次回答将是"知道"。

小文，下面的几个逻辑趣题留给你来试试：

1. 一个岛上居住着两类人——骑士和流氓，骑士说的都是真话，而流氓只会说谎。有一天，你来到这个岛上，你碰到两个人 A 和 B，如果 A 说"我们当中至少一人是流氓"，B 没吭声。请判断 A、B 可能的身份。

2. 下面三个盒子中有一个盒子藏有一枚金币，每个盒子的铭牌上都写有一句话。

の中のテキスト：

A盒：金币在这里

B盒：金币不在这里

C盒：金币不在A盒

A盒　　　　　　B盒　　　　　　C盒

如果其中只有一句话是真，你知道金币在哪个盒子中吗？

3. 铸造珠宝盒的人在珠宝盒上铸有这样一句话：珠宝盒不是由说真话的人打造的。

请问铸造珠宝盒的人是说真话的人还是说假话的人？

4. 一位男子正在看一张照片："我没有兄弟姐妹，不过这个男人的儿子是我父亲的儿子。"

照片里的人是谁？

下面是雷蒙德·斯穆里安给出的"世界最难逻辑题"。

问题是这样的：有甲、乙、丙三个精灵，其中一个只说真话，一个只说假话，还有一个是随机决定何时说真话，何时说假话。你可以向这三个精灵问三个是非题，而你的任务是从他们的答案中找出谁说真话，谁说假话，谁是随机答话。这个难题困难的地方是这些精灵只会以"Da"或"Ja"回答，但你并不知道它们的意思，只知道其中一个词代表"对"，另外一个词代表"错"。

你应该问哪三个问题呢？

逻辑学家的生死之门

原始丛林中有一个逻辑学家正在打猎，他非常专注，并没有注意到危险将至。

几天后他身陷一个原始部落。部落酋长这天闲来无事，打算跟这个逻辑学家做一个生死游戏。

部落酋长于是对这个逻辑学家说："听好了，你面前有两扇门。一扇门是自由之门，推开这扇门你就性命无忧了。另一扇门是死亡之门，推开这扇门你就得交出性命。你可任意开启其中的一扇门。另外，我还可以派两名士兵负责回答你提出的一个问题——注意，只能是一个——不过是这样，这两名士兵，其中一个说谎成性，句句话都是假的；另一个恰恰相反，他天性诚实，只说真话。对了，你还要注意一点，他们只能回答'是'和'否'，现在生死由你自己选择吧。"

随后两个士兵也登场了。

这个游戏部落酋长已经玩过很多次了，他挺喜欢玩这个游戏的，既显示了他的公平又显示了他的智商。

但是今天跟往常不同，不一会儿，有士兵(是那个说真话的！)来报告，那个"野蛮人"(他们称外面进来的人为野蛮人)打开了那扇"自由之门"——跑了！

那么，我们来看看，这个逻辑学家是怎样问的又是怎样做的呢？

逻辑学家可以这样做，手指一门，他问身边的士兵："**如果我问他（指另一士兵）：'这扇门是死亡之门吗？'他将回答'是'，你说对吗？**"

逻辑学家所问身旁的士兵身份有两种（说谎成性的或天性诚实的），而他的回答也分两种（是或否），共计四种情形：

（1）如果被问的是诚实士兵，他回答"是"。这样，可以推断出另一名士兵是说谎者，且他回答"是"，所以这扇门不是死亡之门。

（2）如果被问的是诚实士兵，他回答"否"。则另一名士兵是说谎者，且他回答"否"，所以这扇门是死亡之门。

（3）如果被问的是说谎士兵，他回答"是"。则另一名士兵是诚实者，且他回答"否"，所以这扇门不是死亡之门。

（4）如果被问的是说谎士兵，他回答"否"。则另一名士兵是诚实者，且他回答"是"，所以这扇门是死亡之门。

归纳起来就是这样，当被问士兵回答"是"时，则所指的门不是**死亡之门**。

当被问士兵回答"否"时，则所指的门是**死亡之门**。

因此，就像前面所说的，逻辑学家问身旁的士兵："**这扇门是死亡之门，他将回答'是'，你说对吗？**"

当被问士兵回答"是"，则逻辑学家打开所指的门离去，当被问士兵回答"否"，则逻辑学家开启另一扇门，这样他就可以安全离开了。

假设 p 表示被问的士兵是诚实者，q 表示被问士兵回答"是"。

r 表示另一名士兵回答"是"，s 表示所指的门是死亡之门。

则根据以上分析我们有如下的真值表，这个真值表可作为逻辑学家判断的依据：

逻辑运算真值表

p	q	r	s
1	1	1	0
1	0	0	1
0	1	0	0
0	0	1	1

（1、0 分别表示相应列的命题真值为真或假）

大毛、二毛都没有洗手与德·摩根律

我们经常这样说：否定之否定即是肯定。

其实，这句话代表了一个逻辑等价式：$\sim\sim A$ 与 A 等价 。

下面这个例子想说明的是 $\sim(p \vee q)$ 与 $\sim p \wedge \sim q$ 逻辑等价：

一天下午，两兄弟大毛和二毛放学了，兄弟俩在外面玩得很尽兴，到家后两兄弟拉开冰箱吃起冰淇淋来，当然这时他们都没有洗手。

这时，妈妈打电话回来了，大毛告诉妈妈，他们现在正在吃冰淇淋，吃完就去做作业。妈妈问他："你们洗手了吗？"他的回答是："是的，我们都洗手了。"

一小时后，妈妈回家了，看到兄弟俩灰头土脸的样子，明白了其实大毛和二毛都没有洗手。于是，妈妈说："看来大毛或二毛洗过手的情况不属实啊！"

我们可以采用符号的形式来表述上面的事情：

p：大毛洗手了；

q： 二毛洗手了；

$\sim p$：大毛没洗手；

$\sim q$：二毛没洗手；

$\sim p \wedge \sim q$：大毛没洗手，并且二毛也没有洗手；

$\sim(p \vee q)$： 大毛或二毛洗过手的情况不属实。

要想证明两个命题公式是逻辑等价的，只需要证明在真值表中，这两个命题公式对应的"列"完全相同就可以了。

可以看到在对应 p 和 q 所有可能取值的情况下， $\sim(p \vee q)$ 和 $\sim p \wedge \sim q$ 这两个逻

辑式对应的"列"是相同的，因此~（p∨q）与~p∧~q逻辑等价，记为。
~（p∨q）⇔~p∧~q。

　　所以"大毛、二毛都没有洗手"和"大毛或二毛洗过手的情况不属实"——这两种说法的逻辑含义是一致的。

~（p∨q）⇔~p∧~q逻辑运算真值表

p	q	~p	~q	~p∧~q	p∨q	~（p∨q）
0	0	1	1	1	0	1
0	1	1	0	0	1	0
1	0	0	1	0	1	0
1	1	0	0	0	1	0

　　~（p∨q）⇔~p∧~q这一等价关系，是用 19 世纪中叶英国数学家德·摩根（Augustus de Morgan）的名字命名的，称为**德·摩根律**，我们在前面的章节中也有介绍，小文，你还记得吗？

　　德·摩根是一位数学家，写了很多数学专著，同时他也是一位作家，还写过牛顿和哈雷的传记。

　　小文在高中学过一点基本的逻辑知识，所以妈妈的讲义她看起来倒也不十分吃力。在她看来，逻辑趣题十分有趣，好像也可以锻炼一下脑子，不过一时半会不知道有什么用——哈哈，有什么用？！

　　小文继续往下看去。

1和0 —— 真和假——开和关

布尔的思想其实在当时沉寂了很长时间，事实上在布尔代数提出后的 80 多年里，它并没有得到什么像样的应用，和布尔同时代的人不明白布尔把 0 和 1 在那里算来算去能做什么事。

直到 20 世纪 30 年代后期，一个叫香农的美国人出现后，情况才有了改变。

香农 1916 年生于美国密歇根州，1932 年他到密歇根大学学习电气工程和数学。

4 年后临近毕业时，他在公告板上看到一张海报，上面提供了一个麻省理工学院的研究生岗位。原来是工程学院的院长万内瓦尔·布什（Vannevar Bush）需要一名研究助理，这位后来被人称为"信息时代的教父"的布什需要人来操作他的微分分析机。

这个微分分析机是一个重达百吨、有着转动的轴承和齿轮的铁家伙，在海报上，

它被称为"机器大脑"。海报上说这个机器大脑很神奇，它能做高等数学题，可以解出人类要花数月才能求解的方程。

香农应聘了这个岗位，并成功了。

香农到了布什这里后了解到，这台微分分析机主要用于求解微分方程，尽管当时这台机器只能以百分之二的精度求解方程，但是教授和学生们还是蜂拥而来，希望求得微分分析机一用。

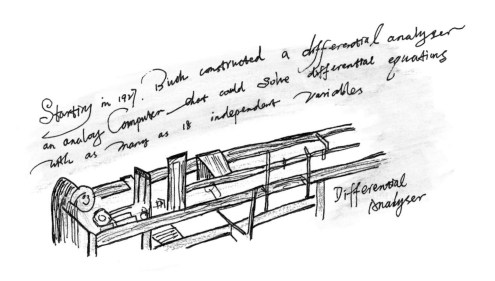

万内瓦尔·布什的微分分析机

其实，在这台微分分析机出现的 100 年前，一个叫查尔斯·巴贝奇（Charles Babbage）的英国人也设计过类似的机器，不过巴贝奇没有成功。

与巴贝奇的机器类似，布什的微分分析机在本质上也是机械的，但随着构造的逐渐完善，也越来越多地使用了机电开关。一百多个继电器采用复杂的方式连接起来后，以特定的顺序连通与断开，就能协调微分分析机的运转。

作为操作员的香农被这台"机器大脑"迷倒了，当时香农正为自己的硕士论文寻找题目，他意识到这些偶尔咔嚓作响的继电器有文章可做。

他曾在大学上过一门符号逻辑的课程，现在在他试着把众多开关电路的可能组合整理成表的时候。他突然有一种似曾相识的感觉，他意识到，当时在课堂上觉得古怪的符号逻辑——布尔代数——应该可以用来描述电路！

香农意识到继电器从一个电路向下一个电路所传递的，并不是电，而是一个事实——这个电路是闭合还是断开——也就是上一个断开或闭合的继电器会导致下一个继电器的断开或闭合，这一系列的断开和闭合用文字来描述未免太过啰嗦，简化成符号就更简洁，也便于人们在表达式中对符号加以操作。

真和假——是与否——开和关——1 和 0，这时香农更加理解了的布尔的思想，仿佛布尔提出的"0 和 1"的演算是专门为他准备的。

跟布尔一样，香农也表明他的表达式里只需两个数：0 和 1。其中 0 表示闭合电路，1 表示断开电路。

香农注意到串联电路其实对应逻辑连接词"与"，而并联电路对应逻辑连接词"或"，而逻辑运算"否"也可以用电路来表示。他还发现，电路也可以像在逻辑推理中一样，作出"如果……那么……"的选择操作。

"一种演算法已经被发展出来了，借此可以通过简单的数学过程来推导这些表达式"——香农在他 1937 年的硕士论文中以这样响亮的宣言作为开篇，他写道："使用继电电路进行复杂的数学运算是可能的，事实上，任何可以用'与''或''如果'等字眼在有限步内加以完整描述的操作，都可以用继电器自动完成。"

二进制算术与逻辑电路——这样的选题在当时电气工程学生的论文中是前所未

见的，也许谁也没意识到这篇出自一个研究助理的硕士论文，蕴涵着即将到来的计算机革命的核心。

　　香农有着不同寻常的一面，他曾在贝尔实验室的门厅骑着独轮车并同时耍着 4 个球，他有一句有意思的语录：我可以想象，我们将成为机器人，狗将成为人的时刻将要来到，我为机器鼓气加油。

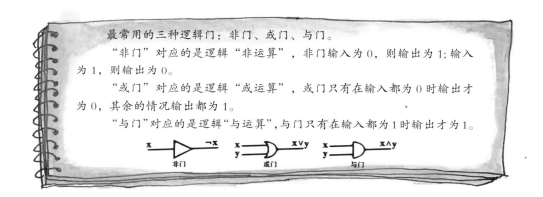

最常用的三种逻辑门：非门、或门、与门。

　　"非门"对应的是逻辑"非运算"，非门输入为 0，则输出为 1；输入为 1，则输出为 0。

　　"或门"对应的是逻辑"或运算"，或门只有在输入都为 0 时输出才为 0，其余的情况输出都为 1。

　　"与门"对应的是逻辑"与运算"，与门只有在输入都为 1 时输出才为 1。

赞成票？反对票？

委员会要对现有税收议案进行投票，如果一项议案要获得委员会的通过，3 张选票中必须至少有 2 张赞成票。

现在要设计一个这样的电路，它以三位投票人各自的投票结果作为输入，以议案是否通过作为输出。用 1 表示投票人投赞成票或议案获得通过，0 表示投票人反对、弃权或者议案未获通过，电路真值表如下表（A、B、C 分别表示以下三个命题：A 投赞成票、B 投赞成票、C 投赞成票）：

A	B	C	议案是否通过
0	0	0	0
0	0	1	0
0	1	0	0
0	1	1	1
1	0	0	0
1	0	1	1
1	1	0	1
1	1	1	1

以下四种情况中的任一种为真都可以使议案通过：

1）A 反对，B、C 赞成，对应的逻辑表达式为：$\sim A \wedge B \wedge C$；

2）B 反对，A、C 赞成，对应的表达式为：$A \wedge \sim B \wedge C$；

3）C 反对，A、B 赞成，对应的表达式为：$A \wedge B \wedge \sim C$；

4）A、B、C 都赞成，对应的表达式为：$A \wedge B \wedge C$。

所以表决器的输出是：

$$(\sim A \wedge B \wedge C) \vee (A \wedge \sim B \wedge C) \vee (A \wedge B \wedge \sim C) \vee (A \wedge B \wedge C)$$

对应的电路是这样的：

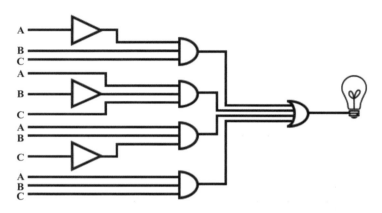

一般说来，考虑到设计与制造电路的紧凑性和经济性，如果功能一致，我们希望某个电路所包含的"门"尽可能少。

减少芯片上"门"的数量，可以使电路更可靠、并降低成本。

采用逻辑等价演算的方法可以简化上面的电路图，化简的方法可以是这样的：

$(\sim A \wedge B \wedge C) \vee (A \wedge \sim B \wedge C) \vee (A \wedge B \wedge \sim C) \vee (A \wedge B \wedge C)$

$\Leftrightarrow (\sim A \wedge B \wedge C) \vee (A \wedge B \wedge C) \vee (A \wedge \sim B \wedge C) \vee (A \wedge B \wedge C) \vee (A \wedge B \wedge \sim C) \vee (A \wedge B \wedge C)$

$\Leftrightarrow ((B \wedge C) \wedge (A \vee \sim A)) \vee ((A \wedge C) \wedge (B \vee \sim B)) \vee ((A \wedge B) \wedge (C \vee \sim C))$

$\Leftrightarrow (B \wedge C) \vee (A \wedge C) \vee (A \wedge B)$

最后通过交换律得到化简的逻辑表达式：$(A \wedge B) \vee (A \wedge C) \vee (B \wedge C)$。

这样一来，对应的电路可以简化成这样：

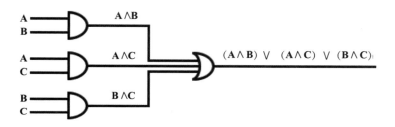

对于一些更复杂的电路，化简的过程往往很复杂。人们希望有一种系统化的化简方法，卡诺图（Karnaugh Map）的出现，在当时解决了这个问题。

卡诺图看上去像方格图，填入方格的是一些特定的逻辑表达式，通过相邻方格的合并化简，可以将逻辑表达式化简。

不过，当输入变量超过 4 个，卡诺图简化电路就显得不那么灵便了。

简化电路的另一种方法还有奎因（Willard Van Orman Quine）提出的一种列表法。1956 年，麦克拉斯基（Edward McCluskey）改进了这种方法。

1=2 ?

小文，下面这个"推理"过程，它得出结论是 1=2。

如果 a=b，a>0，b>0，那么 1=2。

问题出在哪里？

推理如下：

1）a>0,b>0　　　　　　　已知条件

2）a=b　　　　　　　　　已知条件

3）ab=bb　　　　　　　　2) 式同乘以 b

4）ab-aa=bb-aa　　　　　3）式同减去 aa

5）a(b-a)=(b+a)(b-a)　　4）式变形

6）a=b+a　　　　　　　　5) 式同除以 b-a

7）a=a+a　　　　　　　　a=b，b 用 a 代换

8) 1=2　　　　　　　　　7）式同除以 a

哈哈，看出来了吗？除了步骤 6 之外，其他每个推理步骤都是有效的。错误在于 (b-a) 等于零，一个等式两边用同一个数相除只有在除数不为零时才是有效的。

从前提推导出正确的结论，要求逻辑推理的每一步都应当是正确的，同时，推理的过程中会用到一些推理规则。

在上面的例子中，推理过程主要依据的是等式的性质"等式两边同时加上（或减去）相等的数或式子，两边依然相等"，以及"等式两边同时乘（或除以）相等的非零的数或式子，两边依然相等"。

下面的推理使用了逻辑推理中常用的几个推理规则：

爱丽丝主修离散数学，因此，爱丽丝主修离散数学或大学语文——这里用到了"附加推理（Addition rule）"规则：若 A 成立，则 A 或 B 成立，即 $A \Rightarrow A \vee B$（符号 $\Rightarrow$ 表示推理成立）。

爱丽丝主修离散数学

因此，爱丽丝主修离散数学或大学语文

汤姆主修大学语文和离散数学，因此，汤姆主修大学语文——这里用到的是"化简推理（Simplification rule）"规则：若 A 成立且 B 成立，则 A 成立，即 $A \wedge B \Rightarrow A$。

汤姆主修大学语文和离散数学

因此，汤姆主修大学语文

游泳池的招牌上写：若天下雨，游泳池将关闭。

若天下雨，游泳池将关闭

今天下雨，因此，游泳池关闭——这里，用到的是"假言推理（Modus ponens）"：若 A 则 B，并且 A 成立，那么 B 成立，即 (A→B) ∧ A ⇒ B 。

今天下雨，因此，游泳池关闭

若天下雨，游泳池将关闭。今天游泳池没有关闭，因此，今天没有下雨。

——这里用到的是"拒取式推理（Modus tollens）"规则：若 A 则 B，并且 B 不成立，那么 A 不成立，即 $(A \rightarrow B) \wedge {\sim} B \Rightarrow {\sim} A$。

今天游泳池没有关闭，因此，今天没有下雨

下面，我们使用上面的推理规则，分析下面这个案件的嫌疑人。

我们已知的信息是：

若张衫或李斯盗窃了密码箱，则午夜大门开；如午夜大门开，则王舞必然醒；王舞那天没醒。

我们可以将上面的信息符号化，这样有助于我们的分析：

P: 张衫盗窃了密码箱

Q: 李斯盗窃了密码箱

R: 午夜大门开

S: 王舞醒了

目前已知的三个前提是：

$(P \lor Q) \to R$ 若张衫或李斯盗窃了密码箱，则午夜大门开

$R \to S$ 如午夜大门开，则王舞必然醒

$\sim S$ 王舞那天没醒

推理的过程可以是这样：

①如午夜大门开，则王舞必然醒，   引入前提：$R \to S$

②王舞那天没醒，   引入前提：$\sim S$

③午夜大门没有开，   ①②拒取式推理得出：$\sim R$

④若张衫或李斯盗窃了密码箱，则午夜大门开，   引入前提：$(P \lor Q) \to R$

⑤张衫或李斯盗窃了密码箱的假设不成立，   ③④拒取式推理得出：$\sim(P \lor Q)$

⑥张衫和李斯都没有盗窃密码箱。   德·摩根律置换 $\sim P \land \sim Q \Leftrightarrow \sim(P \lor Q)$

这样看来，根据已知的信息，张衫和李斯目前不是盗窃密码箱的嫌疑人，警察还得继续找线索。

所有的 & 有一些

查尔斯·道奇森（Charles Dodgson）是童话《爱丽丝漫游仙境》的作者，不过他用的是刘易斯·卡罗尔（Lewis Carroll）这个笔名。道奇森喜欢和孩子们一起玩耍，他与朋友的三个女儿的友谊促使他写成了《爱丽丝漫游仙境》这本书。

这本书是如此的有趣，据说就连当时的维多利亚女王和年轻的奥斯卡·王尔德（Oscar Wilde）都是它的狂迷。读者们看完之后欲罢不能，就搜寻作者的其他作品，结果搜罗出一些难懂的逻辑书，这是怎么回事呢？

原来，道奇森的真实身份是一位数学家、逻辑学家。一位逻辑学家在他的童话书中创造了那么多不合逻辑的故事，也算够奇特的。

这里，我想借用一下道奇森在他的《符号逻辑》中用的一个例子。

所有的狮子都是凶猛的。

有的狮子不喝咖啡。

有些凶猛的动物不喝咖啡。

头两句是前提，第三句是结论。

显然，"所有的狮子都是凶猛的"和"有的狮子是凶猛的"，这两句话都是简单命题，但是其含义是不一样的。

为了将"所有的"和"有一些"区别开，数学家们引入了全称量词"$\forall$"和存在量词"$\exists$"。

除了引入量词，数学家们还引入"谓词"来表示"x 具有的性质"。

举例来说，可以用谓词 P(x) 表示"x 是狮子"，Q(x) 表示"x 是凶猛的"，

R (x) 表示"x 喝咖啡"。

引入量词和谓词之后，道奇森的那个例子中的三句话就可以这样表示了：

$\forall x(P(x) \to Q(x))$：所有的狮子都是凶猛的。

$\exists x(P(x) \land \sim R(x))$：有的狮子不喝咖啡。

$\exists x(Q(x) \land \sim R(x))$：有些凶猛的动物不喝咖啡。

"谓词"除了可以表示"x 具有的性质"，还可以表示"x 与 y 之间的关系"。

举例来说可以用 M (x,y) 表示"x 给 y 发过电子邮件"，T (x,y) 表示"x 给 y 打过电话"。

"班上的某个同学给班上每个同学发了邮件"就可以表示成：

$\exists x \forall y M(x,y)$

"班上至少有两个学生，一个给另一个发过电子邮件，第二个则给第一个打过电话"可以这样表示：

$\exists x \exists y(x \neq y \land M(x,y) \land T(y,x))$

小文，下面几个句子你尝试用逻辑符号翻译一下吧：

1）班上的 Jerry 从未给 Jose 发过电子邮件；

2）班上有两个学生互发过电子邮件；

3）班上有个学生给自己发过电子邮件；

4）班上每个学生都或给同班同学发过电子邮件，或给同班同学打过电话。

过了一会，妈妈提着一点菜回来了，小文指着讲义对妈妈说："这些符号看起来太费劲了，为什么要将自然语言翻译成这样难懂的符号语言呢？"

妈妈：对于人来说，自然语言便于阅读、理解和使用，但并不方便机器的理解。

小文：你是说机器不习惯听自然语言发出的指令？

妈妈：是的，比方说"咬死了猎人的狗"，这句话至少可以有两种理解，一种是强调狗，说有条狗把猎人咬死了；还可以是强调有个什么东西把猎人的狗咬死了。

"不用给狗喂牛肉了，因为它已经没了"，这可以理解为狗没了，也可以理解为牛肉没了，这些自然语言产生的歧义会让机器难免懵圈，更别说完成后续的指令任务了。

由于对自然语言理解水平的限制，至少在相当长的时间内，机器只能接受和使用符号化的语言。因此，将汉语或其他自然语言翻译成逻辑表达式，这在人工智能、逻辑编程、软件工程及许多其他学科中是一项非常重要的任务。

小文：人工智能？等等，我记得有个微博帖子介绍过这个话题，说的是几年前，有一个叫尤金·古斯特曼（Eugene Goostman）的机器人"伪装"成一个13岁的乌克兰男孩通过了图灵测试，说这个机器人可以从莎士比亚一路聊到Lady Gaga。真厉害！报纸上说的"图灵测试"是什么？

妈妈：图灵在 1950 年发表了一篇题为《机器能思考吗？》的论文，在文中他预言了创造出具有真正智能的机器的可能性。由于注意到"智能"这一概念难以确切定义，他提出了著名的图灵测试：如果人与一台机器展开对话而不能识别其机器身份，那么可以称这台机器具有人类智能。1952 年图灵将以上说法更具体化：用计算机来冒充人，如果有超过三成的人类测试者不能识别对方是机器，那么可以称这台计算机具有人类智能。

比如，你跟一个"智能"不十分发达的电脑交流，对话可能是这样的：

问：你会下国际象棋吗？

电脑答：是的。

问：你会下国际象棋吗？

电脑答：是的。

问：请再次回答，你会下国际象棋吗？

电脑答：是的。

可见其"机器"的身份十分明显。但你跟真人或具备"人类智能"的电脑交流，同样的问题对话可能就变成这样了：

小文：我明白了，智能型机器人不仅可以判断对错，还能表达感情、发牢骚。

妈妈：是的，人工智能也是一个非常非常活跃的领域，图灵奖前后多次颁给人工智能领域，数量之多，简直令人称奇。

小文：机器人最后是不是可以跟真人一样，或者像报纸上说的统治地球？

妈妈：一切皆有可能。根据摩尔定理的发展速度，未来若干年，如20年或者50年后，像尤金这样的机器人是有可能发生质变的。

小文：赶上或超过人脑？

妈妈：也许你还可以听听图灵奖获得者彼得·诺尔 (Peter Naur) 对人工智能的鲜明态度，他说的是：人不是机器，机器也不是人！

小文：To be or not to be, it is a question.

妈妈：莎翁这句话太经典了。

小文：不过我不喜欢"机器人统治地球"的说法。

妈妈：《超能陆战队》中的健康顾问机器人——大白——你觉得如何？

小文：如果我能拥有一个像"大白"一样的机器人，那我对人工智能倒也没意见！

4 用线把这些离散的点连起来

天气很热，母女俩没什么事儿，一边喝着解暑的绿豆汤一边闲聊。

"老妈，你讲义里数学家不少啊。"

"哦，哪些？"

"什么康托尔、希尔伯特、罗素、布尔……总之感觉一大堆。"

"是他们创建了离散数学大厦的一砖一瓦嘛！"

"数学家们，嗯，是不是多少有点怪异？"

"你说的是数学家在银幕中的形象吧？一出门就忘了家在哪里？"

"那实际上呢？"

"实际上嘛，他们的生活跟正常人差不多。当然，数学家也有行为古怪的，但比例不会比一般人高。他们大多精力充沛、天赋过人，还有多方面的才能。书柜里有本《数学精英》，讲的是数学家的故事，写得不错，有空你可以看看。"

"好！"

"有一个数学家——我们接下来会提到他——写文章太快了，桌子上总是堆着一大摞等着发表。因为实在太多，取稿子的人没办法，每回都只拿最上面的回去。"

"这个数学家叫什么名字啊？"

"欧拉（L.Euler）。"

"摞在下面的文章怎么办呢？"

"排队等着，所以经常会发生后写出来的结果先发表，而它们依赖的数据却后发表的事情。"

"取稿子的人真图省事啊。"

"欧拉应该算是最多产的数学家了，他曾经说他的书稿可以够他所在的科学院用 20 年。而实际上是，在他去世 80 年后，他的遗作还在源源不断地发表。"

"啊哈，省了稿费。"

"哈哈，也说不定，欧拉可有一大堆后人。"

"他难道不是单身？"

"数学家还是要结婚的。欧拉有十几个孩子，当孩子在膝上玩耍、在旁边吵闹时，他照样可以写论文。"

"佩服！"

"他 30 岁左右有一只眼睛就失明了，后来两只眼睛完全失明，他的那些文章其实多数是在半盲或全盲的状态下写成的，他死后整理出来的《欧拉全集》有 84 卷。"

"这个……"

"此外，欧拉无论生前还是死后，他的名声都很好，口碑极佳，很多大数学家，像拉格朗日和拉普拉斯都把他当导师。"

"嗯，想起来了，我好像记得欧拉跟一个七桥问题有关系，是不是啊？"

"看来你还记得点，是这样的。"

"小时候我做奥数的一笔画问题的时候，我记得你讲过的。不过，看上去欧拉这么忙，他怎么会有时间去关心一个什么七桥谜题呢？"

"不只是关心，他还专门写了一篇论文呢，题目就是《哥尼斯堡七桥问题》。也许他已经察觉到这个谜题对于数学的启发性，不过，他恐怕自己也没料到在解答这个问题的同时，竟开创了一个新的数学分支——图论。"

"图论！图也有专门的理论啊。"

"是啊，小文，这部分的讲义我已经发到你的邮箱了。"

"看来是进入新章节的节奏啊！"

"很正确！你洗碗还是收衣服？完了我们去江边转转？"

"我收衣服，你洗碗！"

"六点半出发，OK？"

小文不喜欢洗碗。今天家里晾晒的衣服不多，所以她很快把衣服收拾完毕。打开电脑，果然，妈妈的讲义已经发过来了。

散步中的话题：哥尼斯堡七桥问题

小文，我们开始"图论"部分的课程了，我们先从哥尼斯堡七桥问题开始。在 17 世纪的时候，东普鲁士有一座城市叫哥尼斯堡，普雷格尔河穿城而过，河上有七座桥。

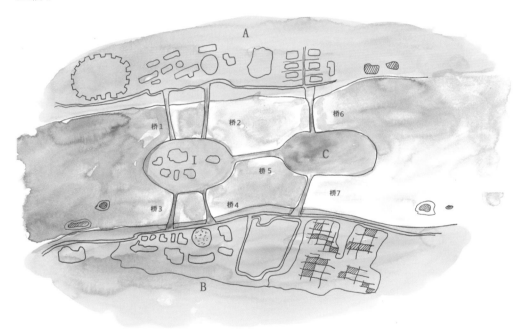

七座桥将 A、B、I、C 城区连接起来

哥尼斯堡也是大名鼎鼎的哲学家康德的故乡。据说这位大哲学家极少远行，但康德喜欢散步可是出了名的。每天下午三点半，工作了一天的康德先生便会准时踱出家门，踏上他那著名的"哲学家小道"。

哥尼斯堡的居民也喜欢散步，他们喜欢沿着城中的七座桥散步。

大家倒不会像康德那样思考艰深的哲学问题，他们讨论的问题要生活化一些，比如这个：能否从城中任意位置出发，走遍七座桥后回到出发点，要求每座桥只能走一次。

居民们绕着这七座桥来来回回走了很久，也没有人知道该怎么走。

也不知怎么的，这个问题传到了欧拉那里，他对这个问题也很感兴趣。他也许是在孩子们的喧闹声中求解这个问题的吧。考虑这个问题的时候，他是这样做的，用 4 个点表示哥尼斯堡的 4 个城区，用 7 条线表示 7 座桥，如此这般，欧拉将七桥问题抽象为一个图模型。

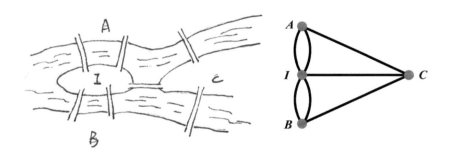

欧拉将哥尼斯堡七桥问题抽象成右图的形状

欧拉将城区缩略成点，将桥缩略成边，这种方法只关心点和边的连接关系，而忽略点和边的具体形状，这成为图论研究问题的基本方法并沿用至今。

他是这样说明的：和某一点相连的边的数目称为该点的"度"（degree）。

度 =5

欧拉发现，如果一个图的所有顶点的度数是偶数，则从任意一个顶点出发，不用走重复的边就能很容易地行遍所有的边一次，然后回到出发点。对于这些度数是偶数的顶点，它们连接的边不必重复就能恰好可以"一次用完"。

但如果图中存在有顶点的度数是奇数，要走出类似的回路就存在要么有边无法"用完"，要么边"不够用"的情况。

哥尼斯堡七桥问题其实是想寻找类似这样的一条回路：从一个点出发，一次且仅一次走遍图中所有的边，然后回到起点，这样的路径后来被称为"欧拉回路"，存在"欧拉回路"的图称为"欧拉图"。图中每个点的度数是否是偶数是判断欧拉回路是否存在的充分必要条件。

1736 年的一天，欧拉向俄罗斯科学院呈递了他的一篇论文。论文包括了哥尼斯堡七桥散步问题的求解过程。欧拉认为，在哥尼斯堡七桥问题中，每个顶点度数都是奇数，度数列分别是 3、3、3、5，因此，结论是：哥尼斯堡七桥问题无解。

想必哥尼斯堡的居民们会非常失望，不过解决的办法还是有的。因为存在"欧拉回路"的前提是每个点的度数是偶数，所以，如果再修建两座桥，让每个点的度数都为偶数（度数列为 4、4、4、6），哥尼斯堡居民的散步问题就有解了（而实际上，这七座桥中的两座在第二次世界大战中被炸毁，另两座后来被高速公路取代，这是后话）！

也许欧拉和哥尼斯堡的居民们都没想到，由散步而来的这篇论文成了一个新的数学分支——现代图论——的开篇之作。

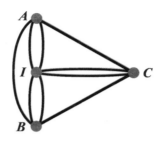

再修建两座桥，哥尼斯堡居民的散步问题就有解了

存在欧拉回路是一回事，找出欧拉回路是另一回事。

小文，下面的图中每个点的度数都是偶数，显然这是欧拉图，你试试看能否从 A 点出发在图中找出一条欧拉回路来？

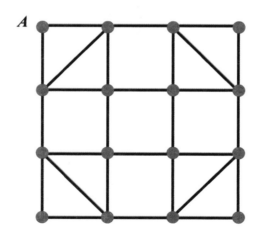

让我们用线把这些点连接起来

代号"老枪"的特工与另外五个特工组成了一个特别行动小组。老枪被告知，他们相互之间只能单线联系，出发之前"老枪"得到了他与其他五个人联系的接头暗号，并要求牢记在心。

那么，这个六人特工小组一共有多少个接头暗号呢？

我们可以将老枪参与的六人特工小组抽象成以下图模型，点表示老枪和他的小伙伴们，线表示互相之间的接头暗号，数一数，一共 15 条，这就是这六人特工小组互相使用的接头暗号的总数。

在上面的图中，每对不同顶点之间恰有一条边，这样的图叫完全图，下面的四个图分别叫三阶、四阶、五阶、六阶无向完全图，也称为 K_3,K_4,K_5,K_6：

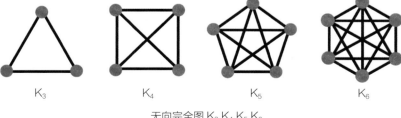

无向完全图 K_3,K_4,K_5,K_6

很多时候，我们可以把现实生活中的离散对象抽象成点，离散对象之间的联系用线表示，有时候这些点用线连接起来后，形状会比较有趣。

下面的图中，顶点和边的形状总可以围成一个圈，叫圈图。

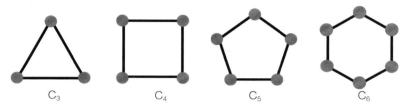

圈图 C_3,C_4,C_5,C_6

在"圈"中心添加一个顶点，这个新顶点再与原来已有的顶点逐个连接起来，就可得到轮图，新添加的顶点就好像轮子的轴心。

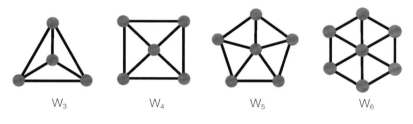

轮图 W_3,W_4,W_5,W_6

轮图去掉"轮子"上的边，可以得到星形图。

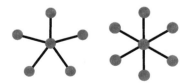

W_5,W_6 对应的星形图

星形图、圈图和轮图的形状可以成为计算机局域网的三种拓扑结构，分别对应的是星形、环形、混合型拓扑结构的计算机局域网。

立方体图，顾名思义有点像立方体，它的顶点可以用位串来表示。

立方体图 Q_1 有 2 个顶点，用 0、1 表示。立方体图 Q_2 有 4 个顶点，用 00、01、10、11 表示。

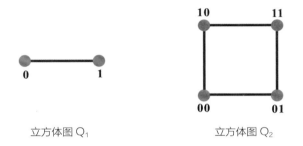

立方体图 Q_1　　　　　　　立方体图 Q_2

不过 Q_1 和 Q_2 看起来不太像立方体，但 Q_3 的形状是一个标准的六面体。Q_3 有 8 个顶点，每个顶点可以用 3 位的位串 000、001、010、011、100、101、110、111 表示。

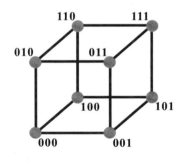

立方体图 Q_3

从标号为 000 的点出发，依次经过 001-011-010-110-111-101-100-000，这样一条路径正好可以构成三位格雷码，格雷码是以弗兰克·格雷 (Frank Gray) 名字命名的一种编码。

格雷码的特征是任意相邻的编码中，只有一位二进制位不同（相邻的两个编码变化最小）。20世纪40年代，格雷在贝尔实验室发明了这种编码，目的是为了减少数字信号传递过程中的错误。

我们可以用如下方法由 Q_3 构造 Q_4：先画出两个 Q_3，一个 Q_3 称为 $Q_{3,old}$，另一个 Q_3 称为 $Q_{3,new}$。

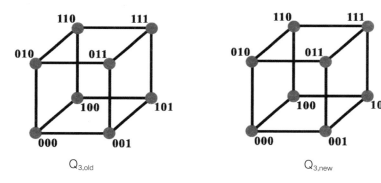

$Q_{3,old}$ $Q_{3,new}$

在 $Q_{3,old}$ 每个顶点标记前加 0，在 $Q_{3,new}$ 每个顶点标记前加 1。

连接 $Q_{3,old}$ 和 $Q_{3,new}$ 相对应的每个顶点就可得到 Q_4。

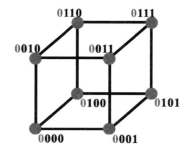
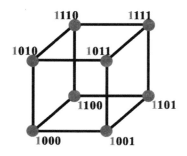

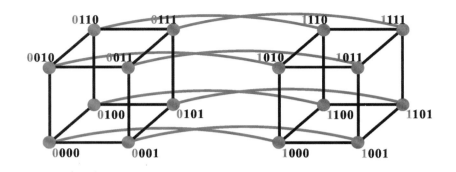

连接 $Q_{3,old}$ 和 $Q_{3,new}$ 相对应的每个顶点得到 Q_4

同样的，从 0000 出发，依次经过 0001 - 0011 - 0010 - 0110 - 0111 - 0101 - 0100 - 1100 - 1101 - 1111 - 1110 - 1010 - 1011 - 1001 - 1000，这样一条路径正好构成四位格雷码。

下面的图有 15 条边，顶点数是 10，每个顶点的度数是 3，这样的图叫彼得森图。

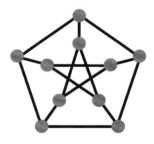

与之同构的图（什么是同构，下面马上要讲到）多种多样，形状各异，共有 100 多种。小文你可以一一确认一下，下面的图是不是都是 15 条边，10 个顶点，每个顶点的度数都是 3。

它们都是彼得森图。

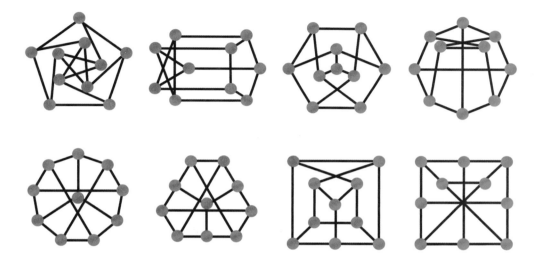

各种形状的彼得森图

尤利西斯·彼得森（Julius Petersen）是一个出身贫寒的数学家，出生在美人鱼的故乡——丹麦，他研究的内容很广泛，据说他不愿意读其他数学家的作品，所以他经常发现一些别人已经发现过的"结果"，这让他很头疼。但如果他知道了其他数学家不读他的作品，他会很生气。彼得森去世时，一家报纸称他为科学界的"安徒生"。

这两个图是一样的吗？

小文，前面我们提到了同构，要解释什么是同构，我们先看看下面的问题。

"爱丽丝的家可以直通银行和邮局"，这个情形怎么用图表示呢，你可能这样画:

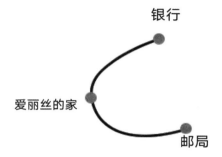

但你的同桌可能这样画。

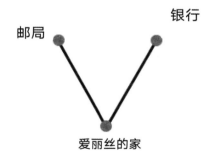

那么哪个图是正确的呢？

其实它们都可以表示爱丽丝的家与银行、邮局间的连通关系。

在图论中，把这样的两个图叫同构的图。

再举个例子，小文，你看看下面的图，左边的和右边的图看上去是不是差别挺大的？

但其实左图中的点 V1、V2、V3、V4、V5 分别对应右图中的点 U1、U2、U3、U4、U5，左图中的六条边（V1,V2）、（V1,V3）、（V2,V3）、（V2,V4）、（V3,V5）、（V4,V5）分别与右图的六条边（U1,U2）、（U1,U3）、（U2,U3）、（U2,U4）、（U3,U5）、（U4,U5）一一对应。所以这两个图从结构上讲是等价、同构的图。

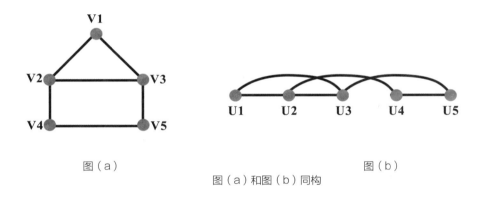

图（a）   图（b）

图（a）和图（b）同构

所谓图的同构，简单来说就是在不考虑边的形状、长度以及点的位置的情况下，两个图中的点和边的关联关系完全相同。

同样的道理，图（c）和图（d）同构，图（e）和图（f）同构。

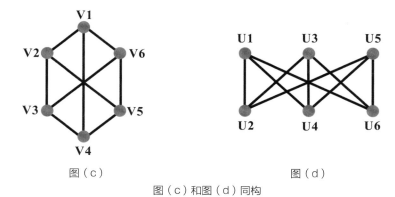

图（c）   图（d）

图（c）和图（d）同构

图（e）   图（f）

图（e）和图（f）同构

Isomorphism（同构）这个词来源于两个希腊文，分别是 isos（相等）和
morphe（形式）。

随着点和边的增多，肉眼很难判断两个图是否同构，判断图的同构是图论中诸
多难题中的一个。

相对来说，判断两个图不同构要相对容易一些，可以从两个图的顶点数、边数、度数序列是否相同来判断两个图是不是"非同构"。

小文读到这里，看了下时间，快六点半了，讲义内容看起来不少，还是跟妈妈先出门散步去。

转过几条街就是江边了，这里是小文一家最喜欢来的地方，岸边一如既往聚集了很多人。

人们更多的是在玩水，桥墩上聚集了不少男士，他们主要在做这件事：爬到不能再爬的地方往江里跳，跳水的形态各异，他们上上下下地折腾着，乐此不疲。

离江滩更远的深水处倒有一些正正规规的游泳者，他们身上系着橘红色"跟屁虫"，远处看十分显眼。仔细一看，其中有一位女士，她依次展示了蛙泳、自由泳、仰泳三种泳姿，显得很是自在与自信。

岸边的浅水处，一堆人在摸鱼，半个矿泉水瓶子的小鱼已经收集好了，炸一炸应该可以凑一盘夜宵。

狗主人在这里可以很放松，小狗和女主人待在游泳圈里，男主人拿根绳子牵着游泳圈，一家三口就这样漂着荡着，很是惬意。那边一条身材硕大的狼狗正在展示"狗刨"，动作十分标准、娴熟。

天空中不时有闪电。"要下雨了。"租游泳圈的老板跟小文妈妈闲聊着说，"现在游泳的人太少，七月份这里人多得密密麻麻的，下水都不好找地方。"

老板这句话提醒了小文，已经八月底了，快开学了呀，过不了多久就要离开这座待了这么久的江城了。

回来的路上，两人又聊开了。

"老妈，你说，英国科学家是一些什么人啊？"

"能不能说明白点啊？" 小文经常冒出这样没头没脑的问话让妈妈很头疼。

"我发现，报纸上经常登一些某某科学家奇奇怪怪的新发现，而这些科学家好多是'英国科学家'。"

"哈哈，说来听听！"

"比如前几天，我看到一篇报道，说英国科学家研究表明：罚点球只需闷头踢，还有英国科学家研究发现，1个喷嚏5分钟会传染50人！这些科学家研究的东西够奇特的。"

"哦，会不会是这个原因，英国有一个很有名的科普杂志，叫《新科学家》，它的总部设在伦敦，因为这份杂志的名气太大，所以它上面的消息，各种媒体总是愿意争着转载。"

"是这样吗？"

"我猜的。这些问题看起来奇怪，其实还是有道理的，'罚点球只需闷头踢'这个说法，我这个足球盲不了解哈，但是你大概听说过这个说法：只需要通过5个人，你就可以认识美国总统。"

"听说过啊，比较流行。"

"它其实是一个叫'六度分离理论'的变形说法，说的是在人际交往的脉络中，任意两个陌生人都可以通过朋友的朋友建立联系，这种联系最多只需通过五个朋友的"中转"就能达到目的。我们用顶点表示人，如果两个人相识就用线将对应的两个点连接起来，这样就构成了熟人关系图。科学家猜想，熟人关系图中任意两个顶点之间也许可以通过步长不超过 6 的路径来连接（连接两个人的一条边算一个步长）。有剧作家约翰·奎尔（John Guare）基于这个概念还写了个戏剧，名为《六度分离》。正好我的讲义里面也有这段哦，你到时看看吧。"

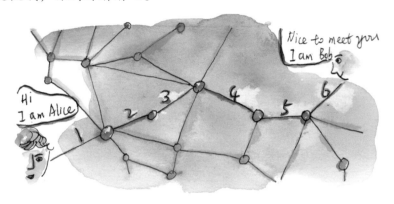

六度分离：A 和 B 最多经过 6 个步长能互相认识

第二天，小文起床的时候妈妈已经出门了。今天小文跟同学约好了，到学校去跟老师道别。

出小区大门的时候，小文快速通过，因为这是最容易碰见熟人的场所，这包括爸爸妈妈的同事，小学、中学同学的家长等，他们一般喜欢说同样的话。幸亏爸爸这段时间出差，不在家，否则爸爸的同事"王博士"见到小文必会问："你爸爸在不在家？"

最近他们的问话一般是这样的，"是小文啊，都长这么高了"，"考的是哪所大学啊"，有的干脆单刀直入直接问"高考多少分啊"。今天非常幸运，小区门口没人，小文一溜烟穿过小区大门。

小文家住江南，学校在江北。自从通了过江地铁，小文上学方便多了。但小文还是觉得原来坐轮渡过江更有意思。坐了几站公交车，上了地铁，小文顺利来到学校。

　　还没进校门，老远就看到校门口的红色条幅和光荣榜。小文的学校也算是本市的一所名校，时隔多年，今年她们学校终于再次出了本市的理科高考状元，自然要大书特写一番。话说这位高考状元是早就名声在外的"雨神"——雨神是个女生，她单名是个"雨"字。

　　小文这时候跟她的死党也碰头了，大家一起膜拜了"雨神"的照片后，来到班主任的办公室。班主任依然是活力过人的老样子，听她的说法，小文班上顺利完成了"高考指标"，看上去班主任非常满意，这时候正"陶小妹""冲哥"地叫着大家伙的爱称，询问大家的去处，说着一些鼓励的话。

　　在小文看来，整个告别过程挺无趣的。只有一件事，让小文觉得有点兴奋，就是在回家等地铁的时候，看到了平时跟"雨神"齐名的"全民男神"。

　　话说这个"全民男神"，人长得既高又帅，成绩排名长期徘徊在全校前20名不下来，并且据说人品还不错。只可惜"全民男神"没有看到小文，不过即使看到了，他也不认识小文啊。

　　如果说，最多需要通过5个人，就可以认识美国总统，那如果想认识这位"全民男神"，要通过几个人呢？慢着，如果全民男神想认识我，或者美国总统想认识我小文，会不会更快呢？

　　这样胡思乱想着，小文回到了家。丽仔大概是饿坏了，见到有人回来，一通乱叫，小文赶紧抓了把猫粮放在猫盆里。想着妈妈昨天说的"六度分离"的问题，小文钻进自己房间，继续看妈妈的讲义。

世界其实很小

有关"六度分离"理论，比较知名的是这样一个实验——1967 年，美国社会心理学家米尔格莱姆（Stanley Milgram）在哈佛大学向内布拉斯加州和马萨诸塞州的 296 名居民每人各寄了个包裹，请他们参与一项科学实验，实验内容是请他们将包裹中的一封信件转寄给波士顿的一位股票经纪人。

米尔格莱姆给出了这位经纪人的名字，但是没有告知地址。如果参与的实验者认识这位经纪人，就直接寄给他，否则就寄给他们认为最有可能认识此人的亲朋好友代为转寄——如此持续下去，直到寄到经纪人手里。参与实验的人还被要求在寄出信件的同时，给米尔格莱姆本人寄一张明信片，让他知道包裹中那些信件的行踪。

大部分的信件没有到达目的地，大概是嫌麻烦，收到它的人并没有完全按要求继续去寄它。最后有 64 封信件最终寄到了经纪人手里。有的只经过一两个人就寄到了，有的则经过八九人的辗转相托，通过计算平均值，每封信平均寄了 5.5 次。

米尔格莱姆认为这个实验说明了：最多经过 5 个人，也就是经过 6 个步长（连

最多经过 5 个人

接两个点的一条边算一个步长），世界上的任意两个人就可以互相认识。后来这个观点被称为"六度分离"理论。

米尔格莱姆的实验结果受到了一些人的质疑，但是后来其他类似实验的结果也表明，世界没有想象的大。

2002 年，美国哥伦比亚大学的研究人员向 166 个国家的 6 万多位网民各发去一封电子邮件，请他们转给随机选中的位于 13 个国家的 18 名收信者的一位，结果发现大部分电子邮件在转了 5 到 7 次后就寄到了收信人的信箱。

2007 年，微软研究人员对 2.4 亿名 MSN 用户的 300 亿条短信进行分析，发现 MSN 用户之间的距离是 6.6 步。

如此看来，世界其实不大。现实世界中，人们的交往有一定的秩序，例如有相似背景的人容易相互认识，组成朋友小圈子，但是也时不时会结识其他朋友圈的人——正是这些交叉的朋友圈让世界变小了。

美国总统虽然在地球的另一端，只要你愿意，也许你明天就可以认识他。来试一试，给美国总统发封邮件吧。

我和你就可以互相认识了……

培根数和厄多斯数

小文，接下来我们将要了解两个图模型，一个是好莱坞图，另一个是数学家合作图。

好莱坞是全球电影产业的中心，星光璀璨。用顶点表示演员，当两个顶点所表示的演员共同出演一部电影时，就连接这两个顶点，这样就可以得到好莱坞图。

根据互联网电影数据库，2001年11月好莱坞图有574724个点和超过1600万条边，这些顶点所表示的演员出现在292609部电影中。2011年的好莱坞图中有2180759个点，22898万条边，平均每个点的度数为105，这是一个很大的图。

好莱坞图中有个参数叫培根数，凯文·培根（Kevin Bacon）是好莱坞的一个演员，以多产著称。在好莱坞图中某个演员的培根数为连接这个演员和凯文·培根

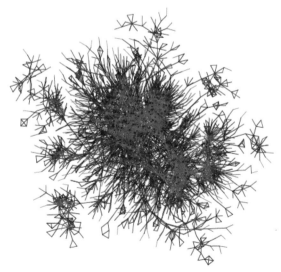

好莱坞图的一个子图

的最短路径的长度。比如，凯文·培根自己的培根数是 0，那些与培根直接合作过的演员的培根数是 1。

甄子丹在 2016 年与演员福里斯特·惠特克（Forest Whitaker）一起出演过电影《盗侠一号》，而后者在 2007 年与凯文·培根合作拍摄过电影《我呼吸的空气》，所以甄子丹与培根的最短路径的长度是 2，他的"培根数"是 2。

"互联网电影数据库"的统计数据表明，全世界有 200 多万名演员都能和培根拉上关系，最大的培根数是 10，平均培根数只有 3.027。

随着新电影（包括凯文·培根的新电影）的不断产生，演员们的培根数也在不断地发生变化。

接下来，让我们离开帅哥靓女云集的电影圈，再看看略显严谨的数学家圈子。

有一个数学家，他喜欢常年周游世界，访问各国数学家，他没有固定的家，他的名字叫保罗·厄多斯（Paul Erdös），厄多斯对物质生活极不重视，他的全部财产就是随身携带的几只旧皮箱。

厄多斯是一个多产的数学家，这里"多产"指的是他的论文。他每到一处演讲，经常就能跟该处的一两个数学家合作写论文。

据说多数情况是这样的，人们把一些长期解决不了的问题拿来与他讨论，他通常很快就能给出问题的解决方法和答案，于是人们赶紧把结果写下来，然后发表，这样与厄多斯联名发表的一篇新论文就诞生了。这样的数学论文前后有一千多篇。

I LOVE NUMBERS ONLY

保罗·厄多斯 (Paul Erdös 1913-1996)

A man with no home and no job. Paul Erdos was the most prolific mathematician of the 20th century. Born in Hungary in 1913. Erdos wrote and co-authored and pioneered several fields in theoretical mathematics.

over 1500 papers theoretical mathematics

At the age of 85, he still spent most of his time on the road, going from this math meeting to that math meeting, continually working on problems. He died on September 20, 1996 while attending a meeting in Warsaw, Poland.

　　厄多斯和别人合写的论文实在太多，所以有人定义了数学家的合作图和厄多斯数。

　　在数学家的合作图中，点表示各国的数学家，如果两个数学家联名写过论文，就将相应的两个点连接起来，某个数学家的厄多斯数就是该数学家和保罗·厄多斯所代表的两个顶点之间的最短通路长度。

　　厄多斯本人的厄多斯数为 0，与厄多斯一起联名写过论文的数学家的厄多斯数是 1，与厄多斯数为 1 的人合写过论文的人的厄多斯数为 2，以此类推。

　　据统计大约有 200000 位数学家有确定的厄多斯数，越顶级的数学家的厄多斯数越小，菲尔兹奖获得者的平均厄多斯数是 3，数学家丘成桐先生的厄多斯数是 2。至厄多斯逝世，有 485 位科学家与其合作过（厄多斯数是 1）。

寻找最短的路

小文放下讲义，站起来做了几个瑜伽伸展动作。小文想，看起来，人与人之间的距离并没有想象的那么遥远。只要你愿意，认识地球上任意一个人也许并不是一件很困难的事。对了，如果她今天在地铁上有足够的勇气，她，王小文，当时就可以让"全民男神"和她自己之间的最短路径变成1。

小文正这样胡乱想着，妈妈带着两份外卖回来了。小文一边帮妈妈摆碗筷，一边问道：

"是不是这样，甄子丹的培根数其实是甄子丹通过一个中间人能认识演员培根的最短的一条路。"

"嗯，不完全正确，甄子丹有可能跟培根一起喝过咖啡也说不定呢。确切地说，在好莱坞图中，点表示的是电影演员，而点与点的连接关系并不表示认识，而表示共同合作过电影。"

"哦，这样啊。"

"如果把好莱坞图上的每条边的值设为1，此外再加上这个前提：到目前为止，甄子丹和培根还没有合作拍过电影的话，那么甄子丹与培根的最短路径是2。"

"那么厄多斯数呢？"

"有一个数学家叫陶哲轩。"妈妈没有正面回答。

"原来好像听你说过，华裔数学天才，菲尔兹奖获得者，不过你提他干什么？"

"厄多斯本身是认识陶哲轩的，但资料显示陶哲轩的厄多斯数是 2。"

"表示他们两个认识，但并没有一起合作发表过论文？"

"是的，陶哲轩的厄多斯数是 2，就是说陶哲轩曾经跟一位厄多斯数是 1 的数学家一起发表过论文，换句话说就是在'数学家合作图'中，把每条边的值设为 1 的话，厄多斯和陶哲轩的最短路径是 2。"

"我有点明白了，这些图模型都是把人看做离散的点，连接两个点的线可以表示互相认识，也可以表示相互合作过，也可以表示其他关系。"

"是的，完全正确。'离散数学'研究的是离散的对象，'图论'正是采用图的方法来描述和研究离散对象之间的联系。"

"上面几个图模型都涉及最短路径，看起来，六度空间似乎是人们猜想任意两个陌生人存在一条步长不超过 6 的最短的路。"

"是的，这是一个猜想，并没有完全得到证明。"

"虽然但丁说：走自己的路，让别人说去吧。但是大家还是对走捷径比较感兴趣。"

"是啊，你收快递不也是希望越快越好吗？"

"不是有'罗曼慢递'吗？"

"嗯，记得你下回在网上买书时告诉店家用慢递服务啊。"

"这个……"

"在解决生活中一些实际问题的时候，我们可以给图上的每条边标上数字来表示类似时间、距离、费用什么的，这些数字可称为边的'权值'，这样的图叫'带权图'。很多问题都可以通过带权图来建模，比如：广州到迈阿密用什么样的航班组合费用最低，什么样的航班组合时间最短，从消防

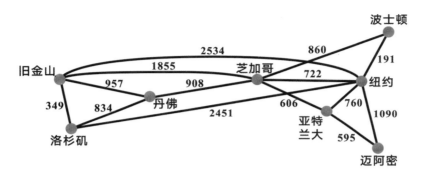

一个带权图的例子——边上的数字表示城市之间的距离

总队到火灾现场怎样走的距离最短，发出的电子邮件怎样最快到达目的地，这些问题都可以归结为求带权图的最短路径。"

"有求最长的路吗？"

"有的，这个问题我们后面会讲到，我们还是先看怎么求最短路径吧。"

"好的！"

"求带权图里两个顶点之间的最短路径可以采用不同算法，比较经典的是荷兰数学家迪杰斯特拉（E.W.Dijkstra）提出的一个算法，以他的名字命名，叫迪杰斯特拉算法。"

"迪杰斯特拉算法，这名字真难记。"

"多记几遍就念顺口了！很多算法都以人名来命名，比如计算机算法的鼻祖欧几里得算法也是以欧几里得的名字命名的。"

"先介绍一下迪杰斯特拉吧。"

"这也是一个曾经的计算机界牛人，获得过图灵奖。现在有人喜欢开玩笑地把程序设计员称为'码农'，这个迪杰斯特拉应该算世界上第一批'码农'之一。"

"码农，听说过，写计算机代码的。"

"不过说起来，这个迪杰斯特拉搞程序设计纯属歪打正着，他本行是搞数学和物理的。在学习理论物理的过程中，迪杰斯特拉发现许多问题都需要大量复杂的计算，于是决定学习计算机编程。他自掏腰包从荷兰跑到英国，参加了剑桥大学的一个程序设计培训班，如此这般，他深入学习了计算机编程。"

"看来，那个时候会计算机编程的人很少啊。"

"极为稀缺。那时计算机也是个稀罕玩意啊。不久，荷兰阿姆斯特丹数学中心正好需要一名程序设计人员，想聘请他为兼职程序员，迪杰斯特拉开始还有些犹豫。"

"为什么呢？"

"因为当时世界上还没有'程序员'这个职业哦，不过最后他还是接受了。几年后，他要结婚了，他在结婚申请的'职业'一栏上郑重其事写的是'程序设计'，但阿姆斯特丹当局拒绝了。"

"他们还管这个。"

"他们不认为'程序设计'是一种职业，迪杰斯特拉跟他们也解释不清楚，在那个年代，有几个政府部门的人见过计算机呢？没办法，他只好将职业一栏改为'理论物理研究'。"

"哈哈。"

"看下面这张小镇地图，最西边的建筑是学校，小镇上几所房子之间有路相连，路边上标注的数字表示路径的长度，我们来看看如何求从学校出发到镇上其他地方的最短路径。"

为方便起见，将地图化简成下面的样子，A 点代表小镇上的学校，B、C、D、E、F 表示镇上其他几处房子。

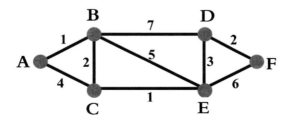

第一步，标出各个点到 A 点的距离，B 点到 A 点的距离是 1，对 B 点来说这条路径的前续结点是 A，因此给 B 点标上标记 1(A)，括号中的字母表示路径经过的结点，同样的道理，C 点的标记是 4(A)，与 A 点不直接相连的用 ∞ 表示。

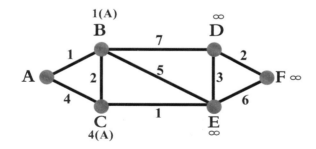

其中，B 距离 A 最近，那么 B 点的标记 1(A) 就成了 B 点的永久标记，所谓永久标记——表示这个点到 A 点的最短距离已求出，这时 C、D、E、F 点上的标记是临时标记。

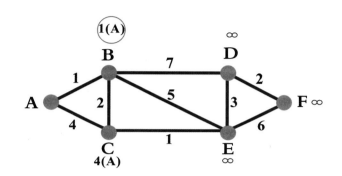

然后，通过考察其他点到 B 点的距离，更换其他点的临时标记。

老妈，说详细点！

以 C 点为例，C 点到 B 点的距离是 2，这个距离加上 B 点的永久标记 1，1+2=3，比 C 点的原标记 4 小，这就需要把 C 点的临时标记改为 3。

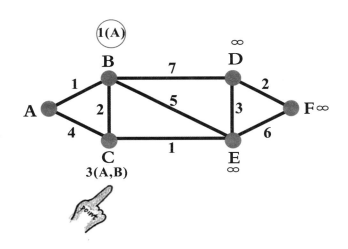

标记是否更换的依据——以 C 点为例：

如果，

C 点到 B 点的距离 + B 点的永久标记 ≥ C 点的原标记，

那么，

C 点的标记不更换，

也就是说标记不可能越来越大。

接下来，其他点的标记依次进行更换：D 换成 8(A,B)，E 换成 6（A,B），F 仍是∞。

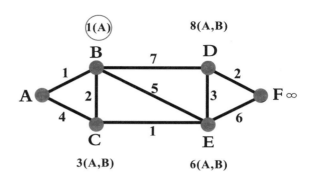

比较 C、D、E、F 当前的标记，C 的标记最小，所以 C 点获得永久标记 3（A，B）。

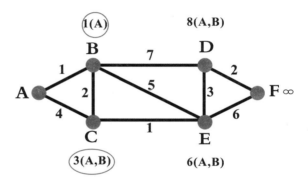

在 C 点的基础上，更换其他点的临时标记，E 换成 4（A,B,C），F 仍是∞，对于 D 点来说，D 与 C 点不相连，距离为∞，所以 D 点的标记仍是 8（A,B）！

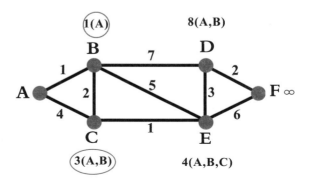

这一轮，E点获得永久标记。

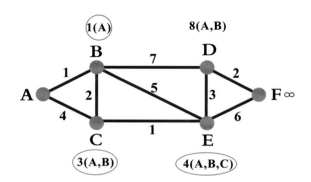

D点获得永久标记。

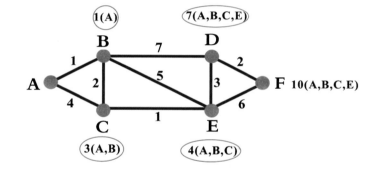

最后，每个点都
获得了永久标记，标
记中的数字表示从A
点出发到达各个点的
最短路径，括号中的
字母表示路径经过的
结点。

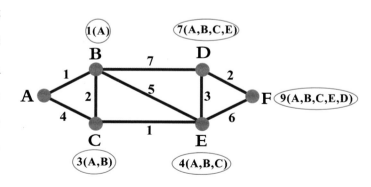

除了画图，也可以用一个表来跟踪标记，方法是一样的。

P	A	B	C	D	E	F
A	0	①	4	∞	∞	∞
B			③	8	6	∞
C				8	④	∞
D				⑦		10
E						⑨
F						

P 是具有永久标记的顶点集，带圆圈的数字为对应点的永久标记。

寻找最长的路

"迪杰斯特拉算法是求最短路径，什么时候需要求最长路径呢？"小文问。

"求起点到终点的最长路径也是图论中一个比较经典的问题。"

"真的吗，是用于慢递服务吗？哈哈。"

"先不说慢递的事，我们先看这个例子。"妈妈在纸上画下一张图。

"这是什么？"

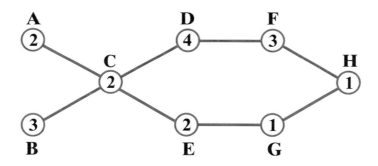

"假如我们家搞装修，这是装修的一个简化的工序图，装修从左边开始到 H 点结束，字母所标示的点表示其中需要的若干工序，比如水电、泥工、木工等。"

"数字是干什么的？"

"这也是带权图，数字表示完成各个工序预计的天数。完成 A 工序需要 2 天，B 工序需要 3 天，C 工序需要 2 天，如此等等。"

"明白了。"

"要注意，工序 C 必须等工序 A 和 B 完成后才能开工。问你一个问题，你看接手工序 C 的人第几天可以开工呢？"

"虽然工序 A 只要 2 天就完成了，但 C 还是要等 B 完成后才能开始，所以接手 C 工序的人需要 3 天以后才能开工，对吗？"

"正确！C 工序 3 天后可以开工，由于 C 工序本身需要 2 天，所以 C 工序 5 天后可以完成。C 工序完成了，后续的 D、E 工序可以开始，你看 D、F、E、G 完成时间是什么时候？"

"如果 C 工序 5 天后完成，那么 D 工序 9 天后可以完成，F 工序 12 天后可以完成；E 工序 7 天后可以完成，G 工序 8 天后可以完成，对不对？"

"很好，继续，最后 H 工序的完成时间呢？"

"看起来，D、F 工序花费时间多，E、G 工序花费时间少，H 工序必须要在 D、F 完成后才能开始，所以 H 应该是 12 天后可以开始，加上自己本身需要 1 天，所以 13 天后工序 H 可以完成——不过你刚才不是说找最长的路径吗，这跟那有什么关系？"

"你找找从起点到终点最长的路径是哪条？"

"让我看看，路径 BCDFH 的数字加起来是 13，算了下，其他路径的权值都比这个小，BCDFH 应该是从起点到终点的一条最长的路径。"

"对的，这条最长的路径决定了整个工程的预计完成时间是 13 天，在这条最长的路径上，比方说，工序 D 完成时间原本是 4 天，如果因为干活的人生病了导致推迟完成一天，那么整个工程完成的时间也会增加一天，变成 14 天。"

"这样说来，如果这条路径上某道工序提前完成一天，整个工程的完成时间就会缩短一天。"

"非常正确，也就是说 BCDFH 这条路径上的每一步是否如期完成决定了整个工程的周期，因此，这样的路径就叫作**关键路径**，它是一条**从起点到终点权值最长的路径**。而对于不在关键路径上的工序，比如 A、E、G，相对而言则不会对整个工程产生这样的重要影响。"

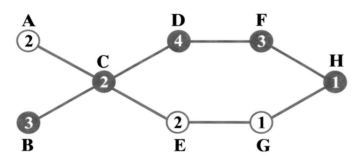

BCDFH 是关键路径（是图中权值最长的一条路径）

"我有点明白了，换句话说，不在关键路径工序上工作的人，哪怕出去闲逛了一两天也可能不会对工期产生影响？"

"嗯，就这个例子而言，你要明白，如果以 A 工序为例，A 工序上的人可以推迟一天完成，推迟时间超过一天是不行的哦。明白了这个道理，你再看看讲义中下面的例子。"

怎样完成促销计划

朱经理接到一个任务， 他所在的超市打算在 7 月 2 日搞一个促销活动。

他想了一下，要做的事情有这样一些：选择促销商品、定价并选择要做广告的商品、准备图片和文字，以及设计、打印和发送广告等。他让助手画了一张表，列出了每项工作需要花费的时间：

工作内容	天数
选择商品（部门经理）	3
选择商品（采购员）	2
定价并选择要做广告的商品	2
准备图片	4
准备文字	3
设计广告	2
汇集邮送清单	3
打印标签	1
印广告	5
贴标签	2
发广告	10

把各项工作的时间加起来，是 37 天，但是目前离活动开始只剩 30 天了！

朱经理找到小王，小王是他们这里刚来的大学生。据说他很有一套办法，小王拿着这张表仔细看着。

"得把这张表改造一下。"小王推了一下鼻梁上下滑的眼镜，不紧不慢地说。

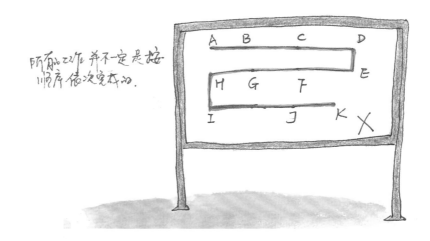

所有的工作并不一定是按顺序依次完成的。

"经理，你看，有些工作其实可以同步进行，而有些工作必须在某些工作完成之后才能开始，所以我们得先搞清楚各项工作的前序工作是什么。我打算这样，把各项工作用点表示，每个点用字母标注，比如：A 代表部门经理选择商品，B 代表采购员选择商品，诸如此类。"

小王将每项工作进行了标记，并列出了每项工作的前续工作。比如 C 的前续工作是 A 和 B，这意味着任务 C 必须在 A 和 B 完成之后才能开始，如此这般，小王画出了下面的表。

编号	工作内容	天数	前续工作
A	选择商品（部门经理）	3	无
B	选择商品（采购员）	2	无
C	定价并选择要做广告的商品	2	A, B
D	准备图片	4	C
E	准备文字	3	C
F	设计广告	2	D, E
G	汇集邮送清单	3	C
H	打印标签	1	G
I	印广告	5	F
J	贴标签	2	H, I
K	发广告	10	J

接着，小王按工作先后次序把各个点连接起来，将工作流程图进行了一番改造。

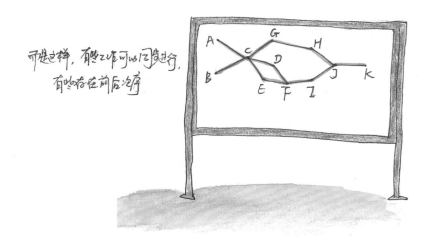

朱经理在旁边看着小王忙活着，暂时还没有看出头绪。

"这样工作的顺序显得明确了，现在我们把每项工作预计花费的时间标记上去。"小王似乎在自言自语。

他继续干着，他用圆圈代替原来的点，在圆圈中填上数字以表示这项任务所花费的时间，这样白板上又多了一张图。

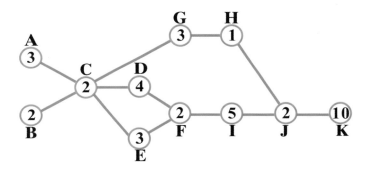

"这堆任务，到底最快可以多少天完成？"经理嘴里没说，心里犯着嘀咕。

"出来了，经理你看，A-C-D-F-I-J-K 是其中最长的一条路径，这就是这次促销活动的关键路径！这条路径的权值是 28 天，这就是完成这次促销活动需要的最少天数，我们目前不是还有 30 天时间吗，还多出 2 天呢。"

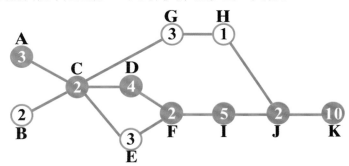

"表面看起来每项工作的时间加起来总和是 37 天，但实际上，关键路径上花费的 28 天才是决定整个活动的时间，对吗？"小文放下讲义说道。

"是的，如果还想提前一天，比如 27 天就完成，你说应该怎么办？"

"那就想办法把关键路径上花费的时间减少？"

"嗯，看来，这个问题你已经明白了。"

"要不是这个超市里有小王这样一个怪才，朱经理的这个促销任务可能还真完不成哟。"

"这个方法在大型工程中的作用是十分明显的。"

"大型，怎么个大法？"

"比如那种包含几百上千种工序的大型项目。这里恐怕得说说一个百年老店，美国杜邦公司，这是一家很老牌的化工企业。20 世纪三四十年代，杜邦公司生产了一种东西让漂亮女士为之疯狂，你猜猜是什么？"

"是什么？"

"袜子，具体来说是尼龙丝袜，猜不到吧，当时的妇女排着长队购买，一袜难求。"

"额，不过是袜子嘛。"

"嗯，现在我们可能觉得尼龙材料很平常，但在当时，尼龙可是了不得的化学合成材料，杜邦公司大费周章花了大约 10 年的时间来研制它。"

"他们真舍得花时间，呐，还有钱……"

"杜邦公司似乎很愿意在基础研究上面投钱，拥有的研究设备也极其先进。当时公司拥有一台 UNIVAC 1 计算机，这台计算机包揽了公司所有的数据处理后，还有大量的剩余时间，杜邦公司的管理层就开始琢磨了，这个计算机这么贵，不能让它闲着，得让它多干点活啊。"

"嗯，闲置就是浪费！"

"他们聘请了一些数学家，正是依靠这些数学家，杜邦公司研发出了关键路径算法，这个方法首次用于一个化工厂建设，工期就比原计划缩短了4个月。"

"厉害，还真管用。"

"没错，有趣的是，还有另一班人马也发现了这个方法。当时美国海军有一个叫'北极星计划'的导弹核潜艇研制项目，为加快工程进度，他们研发了与杜邦公司的关键路径原理几乎相同的方法。"

"他们互相都不知情吗？"

"看起来是的。有一天，北极星计划的项目管理组开了一个招待会，介绍他们的这种新技术，希望参会者能给出更多的意见，杜邦公司的技术人员也在被邀请之列。在会上，他们发现对方介绍的方法跟他们自己设计的关键路径法原理上完全一样。"

"这叫什么，英雄所见略同？"

"也许上帝给了他们同样的灵感。"妈妈耸耸肩说道，"假期快结束了，后面我们的内容要快马加鞭了。你有空自己多看看讲义啊，待会儿我得到实验室去一趟，现在咱们一起收拾桌子，之后各干各的。"

哈密顿图

今天立秋，小文去上家教的最后一次课。小文先检查了学生的作业，讲了几道题，然后布置了个小测验，题目不是很难，她的学生做得不错。下课的时间到了，小男孩急急忙忙跟她这个老师道别就溜出去打篮球去了。学生家长——小男孩的妈妈态度还算和气，似乎比较满意小文的教学。总的来说，小文的第一份"工作"还算顺利。

小文骑上她的单车往家赶，穿过妈妈工作的校园的时候，感觉学校人多起来了，不少学生已经拖着行李到校了。是啊，要开学了。

她跟妈妈一起讨论的课程也快结束了，这样想着，小文赶紧回到家，打开妈妈的讲义看起来。

小文，在欧拉求解七桥问题的一个世纪之后，又诞生了一位天才级的数学家，他是爱尔兰人（据说他本人很看重这一点），名字叫威廉·罗恩·哈密顿（William Rowan Hamilton），他提出了图论中另一个有趣的问题——哈密顿回路问题。

　　哈密顿回路问题来源于哈密顿发明的一个游戏：一个规则的实心十二面体有20个顶点，在20个顶点上标出世界上著名的20个城市，要求游戏者找一条通过每个顶点刚好一次的并能回到起点的回路（这样的回路后来叫哈密顿回路）。也就是从一个城市出发，经过每个城市恰好一次，然后回到出发城市，即"绕行世界"一周。

　　下面的图是一个正十二面体展开后的平面图，按照图中的顶点编号所构成的回路，就是求哈密顿回路的一个解。

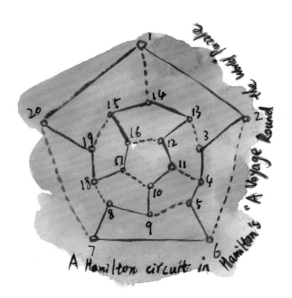

下面的图都存在哈密顿回路，存在哈密顿回路的图叫哈密顿图。

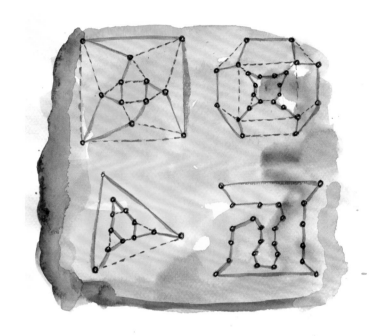

判断一个图是否存在哈密顿回路比判断是否存在欧拉回路困难，数学家们至今未找到判断哈密顿图的充分必要条件，这是一个未解难题。

如何安排座位

七国外交官聚集在斯德哥尔摩,暂且把他们称为 A、B、C、D、E、F、G,他们知晓的语言分别如下:

A: 会英语;

B: 会英语和汉语;

C: 会英语、意大利语、俄语;

D: 会日语和汉语;

E: 会德语和意大利语;

F: 会法语、日语和俄语;

G: 会法语和德语。

晚上,这七国外交官即将出席一个晚宴,主办方得想办法给他们安排座位(圆桌就餐),可以使每个人能不用翻译就可以跟左右两边的人随意交流,比如 B 可以用英语跟左边的 A 交谈,B 还可以用汉语跟右边的 D 交谈。

总之，东道主要避免座位相邻的两个人语言不通。

我们把这七位外交官用点表示，如果 A 和 B 之间有共同语言，我们就将这 A、B 两个点连起来，其他的点也是一样，这样就得到下面的图。

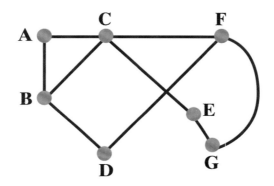

问题的求解可以用求哈密顿回路来解决。这样的回路是存在的：A–B–D–F–G–E–C–A，按这样的回路安排圆桌位置，就可以使相邻的人随意交谈了。

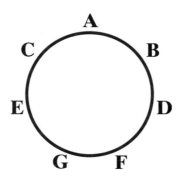

这时，小文的手机提示 QQ 有留言了，是妈妈：

"家教结业了？"

"嗯嗯。"

"讲义看到哪儿了？"

"哈密顿图。"

"感觉如何？"

"看起来哈密顿图跟欧拉图挺相似的。"

"是有相似的地方，但它们是两个不同的问题。哈密顿回路是行遍每个顶点一次且仅一次，而欧拉回路是行遍每条边一次且仅一次。"

"哦，明白了。"

"说起来，这个哈密顿是一个神童。"

"怎么个神法？"

"他可能是从他母亲那里继承了那种过人的基因。他母亲出自一个以聪明著称的家族，他还有一个极具语言造诣的叔叔。他 3 岁跟着这个叔叔学习语言，据说他 10 岁之前已经掌握拉丁文、希腊文、希伯来文、意大利语、法语……总之，这时他已经掌握了通常意义上一般说得出名字的大部分语种，并开始学习叙利亚语、马来语、马拉塔语、孟加拉语、汉语以及其他天知道是什么的外国方言。"

"看起来哈密顿应该成为语言学家才对。"

"据说很多数学家不管开始怎么选择跟数学毫无关系的东西，最终也会像酒鬼不由自主地陷进酒缸一样陷进数学中去——哈密顿后来也渐渐对数学产生了兴趣，在 17 岁时，他自学掌握了微积分，并以阅读牛顿、拉普拉斯的书为消遣。"

"这让 18 岁的我们情何以堪。"小文附上一个表情。

"淡定，天才总是少数人，普通人自有普通人的乐趣嘛。"妈妈安慰道。

"怎么说？"

"天才级人物需要完成他们的使命，这个过程也是极其辛苦的呀，这个我们待会再谈。总之哈密顿在进大学之前没有正式上过学，18 岁的时候却以第一名的身份进入都柏林的三一学院，在校期间哈密顿在数学和古典文学上都表现超群。在大学快毕业的时候他向爱尔兰皇家科学院提交了一份论文，科学院看过他提交的论文后的评价是，年轻的哈密顿是他这一代第一名的数学家。"

"这时他多大年纪呢？"

"20 岁出头啊，他 22 岁的时候，经多名天文学家的一致推举，哈密顿成了天文学教授。"

"语言学天才走上了科学家的正道，那接下来呢？"

"按说金光大道已经铺就，但是正像欧拉在盛年一只眼睛失明一样，天才人物总会'偶遇'一些挫折。"

"哈密顿也有什么不幸的事吗？"

"嗯，欧拉有一个幸福的家庭，哈密顿在这方面没有欧拉那么幸运，接着他又沉溺于酒精，这两件事情给哈密顿带来很多麻烦。"

"天才的发挥还需要有美满的家庭？"

"这个也说不准，但哈密顿后半生的生活环境确实比较糟糕。他死后在书房遗留下堆积如山的文稿，这对一个数学家来说很正常，不过让人吃惊的是里面还埋藏着无数的碗碟和数量可观已经变干的食物。"

"我不得不想到《安娜·卡列尼娜》那本书的开篇语了。"

"不过说实话，哈密顿在如此恶劣的生活环境下仍然没有间断工作实在是令人钦佩，仅在三一学院图书馆中就有哈密顿的250本笔记。"

"他也像欧拉一样一直不停地写？"

"是。哈密顿是爱尔兰历史上最伟大的数学家，这一点爱尔兰人深以为豪，他们的都柏林大学把本校的数学学院命名为哈密顿数学学院，学院网站主页就有那个非常著名的正十二面体哈密顿图。"

"哈密顿的文学天赋后来怎么样了？"

"嗯，这一点嘛，哈密顿一直保持写诗的爱好，他跟著名的湖畔诗人威廉·华兹华斯是好朋友，他们时常在一起讨论诗。不过也许在华兹华斯眼里，哈密顿的诗更像打油诗，哈密顿可能也很清楚这一点，他曾对华兹华斯说，他真正的诗其实是他的数学。"

"有趣，像诗一样的数学是什么样的？"

"下面这句应该是哈密顿最心爱的一句诗，可是他思考了十多年才得到的哟。"妈妈随后发过来这样一个公式：

$$i^2=j^2=k^2=ijk=-1$$

"这是什么啊？"

"一个傍晚，哈密顿和妻子在都柏林散步，当他们走到柏洛翰姆桥时，哈密顿突然惊叫起来，飞快地在地上捡起一个石块，在桥墩上刻下上面的公式，这就是那个著名的四元数公式。在这座桥边，人们还嵌了一块碑作为纪念呢。"

"什么是四元数啊？"

"四元数是哈密顿在复数基础上自创的一种'新数'，我们知道复数由一个实部和一个虚部组成，形如 $a+b$i，其中 a 和 b 是实数，i 是虚数单位，复数可用于表示二维坐标的旋转。而四元数由一个实部和三个虚部构成，可表示为 $a+b$i$+c$j$+d$k，其中 a、b、c、d 为实数，i、j、k 为三个虚数单位，这三个虚数单位满足哈密顿在柏洛翰姆桥上刻下的那个公式。哈密顿构造四元数的初衷是想解决如何描述物理学上的三维旋转问题，不过他遇到了一个困难，后来他发现必须去掉乘法在当时看来天经地义应该满足的交换律，才能解决这个问题。后来他也就这样做了。也就是说在四元数中，同样可以进行加、减、乘、除运算，但乘法不满足交换律。后来哈密顿一直醉心于四元数的研究，他的最后一本书就是长达八百多页的《四元数原理》。四元数由于在表示三维坐标旋转中独特的优越性，目前在计算机图形学、机器人学等领域都有很好的应用，你将来会用到的。"

"好期待哟！"

"从某方面说，四元数是哈密顿自创的一种新的代数系统，其实代数系统也是离散数学研究的重点之一，不过什么是代数系统，我们已经没有时间讨论了——对了，小文你后天几点的火车啊？"

"上午九点！"

"时间真不多了。因为四元数用到了虚数，所以这里说个有关哈密顿和虚数的小轶事吧——有一天，哈密顿给他的朋友德·摩根的信中写道：我认为或者是您或者是我——但我希望是您——必须在这个时候或者其他什么时候写一写$\sqrt{-1}$的历史。"

"德·摩根怎么回信的呢？"

"5天之后，德·摩根答复是：'尊敬的爵士，关于$\sqrt{-1}$的历史，如果要写的话，要从印度人那儿开始好好写下来，那可不是一件小事。'其实小文，关于$\sqrt{-1}$的历史、四元数的历史，以及我们还没有讨论的代数系统的历史……都不是一件小事，这些内容你在大学再好好去学习吧。这里我们还是回到图论上来，你自己再继续看讲义，看完后收拾一下开学要带的行李，晚上我们再继续讨论。"

两人互道拜拜。

四种颜色就够了，但是……

1852 年，21 岁的英国年轻人弗兰西斯 · 葛斯瑞（Francis Guthrie）刚从伦敦大学毕业，他发现了一个有趣的现象："……当然，有共同边界的国家应该着不同的颜色，不过看上去，好像最少用四种颜色就够了。"

这个现象能不能从数学上加以证明呢？他和正在上大学的弟弟决心试一试。兄弟二人为证明这一问题忙活了很久，使用的稿纸堆了一大叠，可是研究工作却没有进展。

于是他向自己的老师，著名数学家德 · 摩根请教。但是德 · 摩根也不能解决这个问题，德 · 摩根便写信向哈密顿请教。

可能哈密顿对这类好像填图游戏的问题不太感兴趣，也可能是哈密顿当时正专注于四元数问题，总之，哈密顿对这个问题没有回复。

于是德 · 摩根继续宣传，逐渐有了较多的数学家关注这个问题。1878 年，英国数学家凯莱也写了一篇论文来证明这个问题，但不久凯莱发现自己的证明是失败的。这件事激发了一个业余数学家艾尔弗雷得 · 布雷 · 肯普（Alfred Kempe）的兴趣。

肯普的证明过程非常冗长，尽管有人对其证明持怀疑态度，但这个证明还是被逐渐接受了，肯普由此被选入伦敦皇家协会。看起来四色问题已经得到解决。

但是，十年之后，希伍得（Percy Heawood）指出了肯普证明中的错误——原来四色问题挑战的大门一直都是开的呀——数学家们又一股脑儿趴在地图上忙活开了，不少年轻人希望借此一战成名。

借用肯普的证明方法，希伍得证明了一个五色定理——使用五种颜色可以将任意一张地图着色。既然没人构造那张四种颜色的地图，那么这张五色地图也算数学家们一个伟大的成果啊。

在四色填图方面，人们也取得了一些进展。一位数学家证明了 4 种颜色对于包含 27 个国家的地图是足够的，另一位数学家将这个数字增加到 31，后来又有人将其增加到了 35，如果以这种方式证明下去，似乎永远都不会有尽头。数学家们发现，他们可以检验某些特定结构的地图可以用四种颜色着色。但问题是，要检验的数量实在太多了——在证明的初始阶段，就有接近万种不同的地图构型要检验，而这种检验是无法手工完成的。

幸运的是，一位对此问题研究了多年的德国数学家沃尔夫冈·哈肯（Wolfgang Haken）得到了美国数学家和计算机专家阿佩尔（Kenneth Appel）的帮助，他们采用一些巧妙的方法将需要检验的构型数量降低到了 2000 以下。1976 年，他们合作编制了一个程序，在一台 IBM360 上，程序运行了 1200 小时，最后，他们的程序"宣布"：四色猜想的证明完成了！

为庆祝这件大事，当地的邮局忙活开了，在当天发出的所有邮件上都加盖了特制邮戳，上写"四色足够"（Four colors suffice）！

但是，来自数学界的喝彩零零星星，一些人勉强接受了这项工作成果，但更多人持怀疑态度。问题的麻烦之处在于这是一个靠电脑来完成的证明，人们如何去检验证明过程中所依赖的那数不清的程序代码呢？

对于采用计算机程序的证明方式，数学家们不感冒地说："一个好的证明应该像一首诗，而不是像电话号码一样的计算机代码。"

数学家波尔·阿·赫尔莫斯对哈肯与阿佩尔的证明不以为然的态度有一定的代表性，他认为计算机证明的可信度和算命差不多。

哈肯与阿佩尔也承认他们的证明不够简洁，那么 "像诗一样"的数学证明是什么样的呢？

在欧几里得的《几何原本》中，他采用的证明方法是这样的，就是从人们普遍接受的真理或公理出发，通过逻辑论证一步一步最终推导出结论。举个例子说，就是类似证明两条直线相交对顶角相等、三角形内角和为 180° 这样的经典证明方法，它们被称为"标准欧几里得证明方法"，这种方法一直被数学家们公认为是证明新定理的唯一有效和权威的方法。

在数学家眼里，一个好的欧几里得证明方法是优美的。

不过，这里顺便提一句，欧几里得在每次完成证明时，喜欢在结尾处写上一句"证明完毕"，缩写成当时的罗马文字就是 QED，表示 *Quod erat demonstrandum*。这个缩写成了数学证明中的经典标签，沿用至今。但据说数学家高斯不喜欢使用这个标签。

试图解决四色问题的人最初有一个先入为主的假定，那就是这个问题可以用传统的方法来证明，不过呢，这个设想努力了 100 年都没有得到证实。哈肯与阿佩尔编写的程序是一种"枚举法"，就是逐一检验是否每张地图都可以用四种颜色着色，这个证明过程与传统的方法是那么的不同，缺少了数学家们期待的那种"原来如此"的精妙之处，这是很多人难以接受的原因。

所以说，四色问题折磨了数学家一百年之后，现在附带的又提出了一个新的问题：数学证明应该是什么样的，采用计算机程序的数学证明可以算是 QED 吗？哈哈。

Your Just need Four Colors!

树

　　小文，这里我们说说盛产数学家的瑞士伯努利家族（Bernoulli Family），这个家族三代产生了八个数学家。八个数学家又留下一大群天资过人的后代，在这些庞大的后裔中，从事数学研究的就有一百多人。

　　不过看起来他们并不是有意选择数学作为职业，他们很多人一开始选择的职业或者是医生，或者是律师之类，也许是遗传基因在作怪的缘故，他们在偏离数学家的成长道路后不久，不由自主地又回到数学这个圈子，同时又成了这个圈子里的优秀人物。

这一大群的数学家也留下了一堆有趣的故事。比如雅科布Ⅰ，因为醉心于螺线（对数螺线或等角螺线）的神奇变换，吩咐在他的墓碑上也刻上一对螺线；对于约翰Ⅰ，当他知道他的儿子赢得了法国科学院的一项奖金，作为父亲他不是满心欢喜，而是将儿子赶出家门，因为他自己也申请了这笔奖金，儿子抢了老子的奖金，哼……

不过，小文，这里我们先把这些故事放一边，我们先看看这张伯努利家族的家谱图。

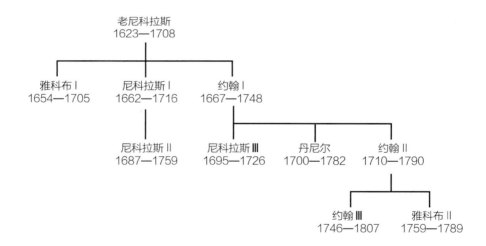

如果把其中的每位伯努利用点表示，这张家谱图就变成了这个样子：

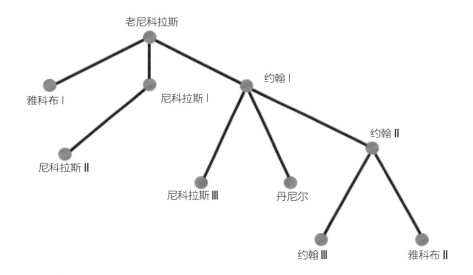

这份家谱图还可以像树一样往"下"一直长，所以类似这样的家谱图很多时候也叫"家族树"。

现实生活中的树随处可见，有的树，玉树临风，有的树，树大招风。上面介绍的伯努利家族树在图论中属于一类特殊的图，也称为"树"。说起来，图论中的"树"也跟一个数学家有关系（这是必然的，对吗？哈哈），这个数学家叫凯莱（Arthur Cayley），前面其实也提到过，这里正式地介绍一下，看看这一位数学家的生活。

"很难给现代数学的广阔范围定义一个明确的概念。'范围'这个词不确切：我的意思是指充满了美妙细节的范围——不是一个像一马平川那样单调乏味的范围，而是像一个从远望去辽阔的美丽乡村，它能经得起人们在其中漫步，详细研究一切山坡、峡谷、小溪、岩石、树木和花草。但是，正如一切美好的事物，数学理论也是如此——美，只能意会而不能言传。"

—— 凯莱（Arthur Cayley）

这段具有诗情画意的话，引自凯莱担任英国科学促进协会主席的就职演说，也可能是他某次登山或在美丽乡间漫步过程中的亲身感悟。他喜欢徒步旅行、登山，他看上去单薄瘦弱，其实他体质强健。跟哈密顿一样，凯莱也喜欢文学，喜欢简·奥斯丁、拜伦、莎士比亚，他终身对小说兴趣浓厚，还喜欢画水彩画。

爱好广泛的凯莱大学毕业了，这位被老师们公认为"第一名之上"的数学天才，选择的职业却是律师。他一边干着枯燥的律师事务，一边写着数学论文。

据说有一次，他正在办公室和朋友讨论数学中的一个问题，仆人进来了，捧着一大堆法律文件，他口里诅咒了一句，把那堆"该死的垃圾"扔在了地板上，接着与朋友谈论他的数学。但这样的场合并不多，凯莱一生很少发脾气，他总能安排有序，在十四年的律师生涯中，他写了几百篇数学论文，作为一个成功的律师，他被归为一流数学家的行列。

1863 年，在凯莱 42 岁的时候，剑桥大学设立了一个新的数学职位给凯莱，凯莱接受了这份报酬低于律师的工作。

回到正题——我们的"树"。凯莱接受剑桥大学数学职位的 6 年后，开始着手研究碳氢化合物（由氢原子和碳原子组成），他特别研究了具有 n 个碳原子和 $2n+2$ 个氢原子的饱和碳氢化合物，它们的分子式是这样的：C_nH_{2n+2}。

凯莱认为，每个氢原子将与另外一个原子结合，而每个碳原子将与另外 4 个原子结合，C_nH_{2n+2} 中 n 可以等于 1，2，3，4，我们现在知道它们分别叫作甲烷、乙烷、丙烷和丁烷，这些化合物的分子式可以用图形来表示，分子式的图模型具有这样一个共性：连通并且没有回路（所谓连通，是指任意两个点之间有路径相连；所谓回路，是指起点和终点重合的路径，我们这里的回路是指这条路径中，除了起点和终点外，其余的点不相同，所有边也各不相同）。

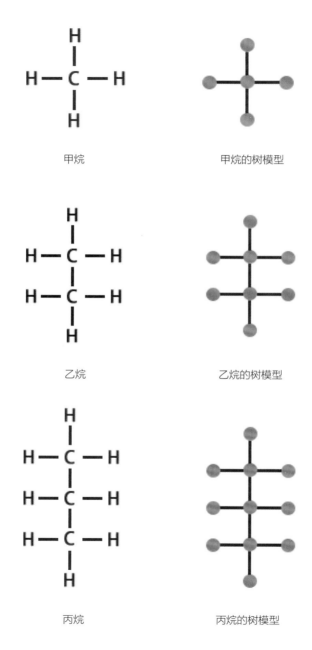

甲烷   甲烷的树模型

乙烷   乙烷的树模型

丙烷   丙烷的树模型

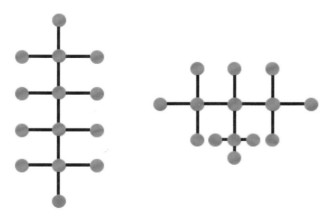

丁烷 C_4H_{10} 的两种同分异构体的树模型

　　凯莱将它们称为"树"，这样的命名是否来自凯莱某次户外登山的灵感不得而知，但也恰如其分。

　　小文，试一试，在一棵树中去掉一条边，你会发现去掉一条边（任意一条边）后，就会有"树叶"或"树枝"从树上掉下来，这样图就不再连通了！

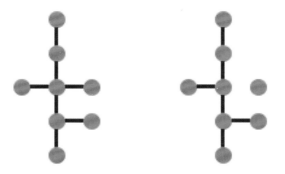

左边的树去掉一条边后，变得不连通

如果在一棵树的任意两个点之间增加一条边，所得到的图就会存在回路，也就是说，就不再是一棵树了！

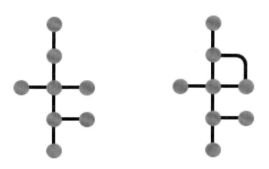

左边的树中增加一条边就会得到回路

树是一类特殊的图，树中度为 1 的结点我们把它称为树叶。

下面的树有 8 个结点，而边有 7 条。

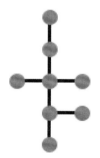

下面的树有 12 个结点，而边有 11 条。

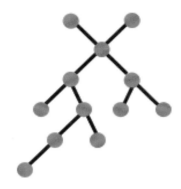

　　不信的话你可以再多画一些其他的树，你会发现这样一个规律：一棵树，它的边数总比结点数少一个，也就是具有 n 个顶点的树恰好有 $n-1$ 条边——所有的树都满足这个规律。

生成树

在 5 栋楼房之间规划一个电话网，如果对时间和花费没有什么特殊限制，可以将每栋楼房与其他 4 栋楼房尽可能多地用电话线连接起来。下图是一种连接方案的图模型，边上的数字表示两栋楼房之间铺设管线所需的费用。

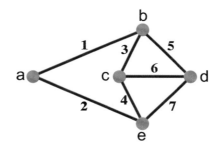

5 栋楼房之间规划的一个电话网

但是，如果负责规划的设计师约翰被告知：目前经费比较紧张，希望能尽可能少花费一些。这样，就得重新考虑了，约翰想，两栋楼房之间的通信其实可以通过其他楼房的转接来完成，因此，他重新规划了电话网络图。

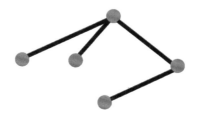

重新规划的电话网

我们现在已经知道了，像上图这样的连通并且没有回路的图被称为树。

在这棵树中，包含原图中所有的顶点，这样的树叫作原图的生成树（Spanning tree），一个图的生成树往往不止一棵，下面的图也是原图的一棵生成树。

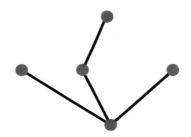

约翰将这两棵生成树中边的权值相加，发现这两种铺设管线方案的总费用都是 16。

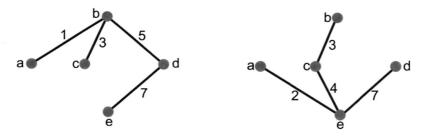

权值相加都是 16

那么，这是不是最佳方案呢？

约翰通过一番比画，又找到一种铺设管线的方法，其权值为 11。

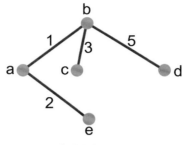

权值相加是 11

到目前为止，这是他找到的最好的解决方案。他想，就这样吧，明天将这个方案交上去，然后打算钓鱼去，他刚看了天气预报，明天是个好天气。

克鲁斯卡尔（Joseph Bernard Kruskal）和普林（Robert Clay Prim）分别在 1956 年和 1957 年给出了构建最小生成树的算法。

借助克鲁斯卡尔和普林的最小生成树算法验证，设计师约翰钓鱼前最后想出的方案确实是最经济的一种铺设管线的方案。

普林算法和克鲁斯卡尔算法比较相似，只不过两个算法选择边的规则有所不同。它们都属于贪心算法，所谓贪心算法就是在每个步骤上都选择最优的算法，但有时候，在算法的每个步骤上最优化，并不能保证产生全局的最优解。不过，普林算法和克鲁斯卡尔算法都是能产生最优解的贪心算法。当克鲁斯卡尔是二年级研究生的时候，他设计了最小生成树的算法，他以此为题写了篇论文，论文只有两页半。他有点犹豫是否应该拿出去发表，经其他人说服后他才递交了出去。

不过，说起来，他们都不是最早研究最小生成树算法的人，人类学家扬·切卡诺夫斯基（Jan Czekanowski）在 1909 年曾研究过最小生成树。1926 年，奥塔卡·勃鲁乌卡 (Otakar Boruvka) 在构造电力网有关的工作中也描述了构造最小生成树的方法。

TRY this:

小文，你还在看吗，没有打瞌睡吧？

如果没打瞌睡的话，下面这个问题交给你试试：冬天到了，积雪很厚，各家各户的小伙伴打算扫雪了。但他们希望偷偷懒——只想扫尽可能少的积雪。小文，你尝试用最小生成树的方法帮他们想个办法吧。

下面介绍一下最小生成树在计算机网络中的一个应用。

在计算机局域网中，有一种回路叫交换回路，交换回路很容易造成广播风暴，使局域网带宽下降，生成树协议利用生成树算法，可以创建一个以某台交换机的某个端口为根的生成树，从而避免因交换回路而形成的广播风暴。生成树协议是由号称"互联网之母"的拉迪亚·珀尔曼（Radia Perlman）博士设计的。

"互联网之母"——小文觉得有点好奇，妈妈的讲义中很少出现女士，她把讲义放在一边，想到网上查一下这个"互联网之母"更多的资料，没想到，竟然查到她的一首诗：

I think that I shall never see.

A graph more lovely than a tree.

A tree whose crucial property.

Is loop-free connectivity.

A tree which must be sure to span.

So packets can reach every LAN.

First, the root must be selected.

By ID, it is elected.

Least cost paths from root are traced.

In the tree, these paths are placed.

A mesh is made by folks like me.

Then bridges find a spanning tree.

妈妈在喊吃晚饭了，小文走出房门帮妈妈准备碗筷，顺便让妈妈也看了这首诗。

"这首诗什么意思，怎么没中文版？"

"哈哈，也许有人是想翻译来着，可能实在是不好翻译。"

"诗的大意是？"

"这首诗说的是树的特征很有趣，因为它没有回路，接着说的是网络中生成树的生成方法，虽然看起来没有什么诗意，但作者确实有诗人的想象力。"

"怎么说？"

"把生成树的思想奇妙地用在网络中，这也需要一番想象力啊！对吧。更妙的是这首诗的构想变成了现实，正因为有了生成树协议，计算机局域网和广域网才有了大规模的应用。"

"有人既是科学家又是诗人吗？"

"没见过哈密顿的打油诗，不过数学家罗素的《吾生三愿》倒像一首好诗呢。"

"是吗，借你手机上网查查，这里有一个：罗素——《吾生三愿》——吾生三愿，纯朴却激越：一曰渴望爱情，二曰求索知识，三曰悲悯吾类之无尽苦难。此三愿，如疾风，迫吾无助飘零于苦水深海之上，直达绝望之彼岸……"

"怎么样？"

"我只能说翻译得太好！"

哈夫曼的灵感

母女两人吃完饭待在阳台上，天已经慢慢黑下来了，天边的晚霞十分夺目，夜光风筝在天上闪烁着。

"数学家、科学家跟诗人一样，也是需要灵感的。乔治·布尔曾告诉他的妻子，在他 17 岁步行穿过一片田野时，他'突然想到'：'除了从直接观察中得到知识，人还可以从某种不确定的、不可见的源泉中获得知识。'可以猜想，布尔想出布尔代数的时候应该是产生了灵感的。"妈妈一边给她养的花花草草浇水一边说。

"哈密顿发现四元数应该也算一个吧。"

"嗯，哈夫曼想到哈夫曼树可能也算一个。"

"什么，哈夫曼树，也是一种树吗？"

"对，哈夫曼树是一种特殊的树——根树——就像自然界普通的树一样，根树有个像'树根'一样的'根'结点，其他的边和结点就像是从这个根结点发芽长出来的一样。因此，这个根结点的入度为 0。其余的结点入度均为 1。其中入度为 1、出度为 0 的结点是这棵树生长的'树叶'，树叶之外的点我们一般统称为树的'分支点'。我们在画根树的时候，喜欢将树根画在最上方，这样边的方向就会统一向下或斜着向下，但很多时候，我们会将边上表示方向的箭头省略掉。

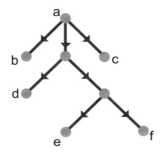

一棵"根树"，a点是"根"，b、c、d、e、f是"树叶"

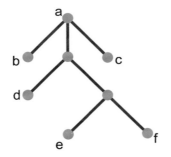

省略箭头后的根树

　　"哈夫曼树是根树的一种，哈夫曼树主要用于优化数据的传输编码，也就是说我们在网络中不仅要把数据送到应该到达的地方，还应该尽可能地用最省力的方法送到。"

　　"这个方法是哈夫曼想出来的吗？"

　　"哈夫曼设计了一种哈夫曼编码来解决这个问题，而哈夫曼编码可以通过哈夫曼树来构造。先说说哈夫曼（David A. Huffman）这个人吧。哈夫曼19 岁获得学士学位，然后在美国海军服役，成为当时最年轻的雷达维护官。哈夫曼的舰长对他要求很严苛，不过他非常幸运，战争不久就结束了。两年后，他离开部队又开始读书，获得硕士学位，之后进入麻省理工学院攻读博士研究生，为完成学位论文，他选择的题目是'最小编码'。"

"最小编码？如果你不举例子我可听不懂！"

"不急呀，我慢慢解释，在数据通信中，需要将传送的文字转换成二进制的字符串。"妈妈一边不紧不慢地说着，一边在一张纸上比画着。

"最简单的编码方式是采用等长编码，也就是说每个字母分配等长的位串。比如设定下面的编码规则，A、B、C、D每个字母分配两个比特：比如00表示A，01表示B，10表示C，11表示D。如果需要传送信息，嗯，比如是ABACCDA，对应的编码就是00010010101100，如此这般发送出去。"

202

"明白了！"

"接收方按编码规则进行解码就可以了。这种等长编码的方法看起来不错，但效率是不是够高呢？"

"效率？"

"对，效率，就是单位时间里能干多少事。小文，问你一个问题，你是否注意到，不同的字母使用的频繁程度是不同的。"

"嗯，好像是的，那本牛津字典 Z 打头的字母就很少。"

"很好，你注意到了，有些字母的使用频率远远高于另一些字母。人们很早就发现，26 个字母中，字母 E 出现的频率最高，有些次之，比如 T、I、N、O 等，有些字母出现的频率是很低的，像你刚才说的 Z，还有 J、X 等。"

"哦，这样啊。"

"Wake up. Alice dear!" said her sister; "what a long dream you have had!"

"Oh. I've had such a curious dream" said Alice. and she told her sister. as well as she would remember them. all these strange. Adventures of hers that you have just been reading about.

e 出现：29 次
t 出现：12 次
u 出现：6 次

"为了在单位时间传输更多的信息量，可以用较短的编码去表示那些使用频繁高的字母。也就是设计编码时，让使用频率高的字母用短码，使用频率低的字母用长码，以优化整个报文编码。"

"我有点明白了，比如字母 E 就用短的编码，Z 这样用得少的字母用长的编码。"

"就是这样，用不同长度的编码序列来表示字母似乎是一个提高传输效率的好方法，不过又会有另一个问题，我来举个例子，比如我们这样编码：00 表示 A，001 表示 B，01 表示 C，11 表示 D，1 表示 E，怎么样，没问题吧。"

"没问题。"

"对于发送方安娜来说，如果需要传送信息 BEE，对应的编码就是00111。"

"没错，有什么问题吗？"

"问题来了啊。接收方是汤姆，汤姆接收到 00111 一分析，他想，可能是 ADE，00 11 1。"

"没错。"

"是没错，但汤姆再看看，他觉得还可能是 BD，001 11。"

"这个……"

"汤姆这个人很谨慎，他再一看，还可能是 AEEE——00 1 1 1。"

"然后汤姆晕了！"

"是的，如此说来，我们面临两个问题要解决，一是提高传输效率，二是编码不能产生歧义！"

"眼看就要解决了，又出现这个问题，你忘了说哈夫曼的树了。"

"马上就说到了，这些都是年轻的哈夫曼思考的问题。提交论文的期限一天天逼近，哈夫曼还没有想出个头绪。一天，哈夫曼正在冥思苦想中，在纸上写写画画，百无聊赖中，他一把将正在写画的稿子揉成一团，向垃圾桶扔去，就在这个时候，灵感产生了，这就是后来著名的哈夫曼树和哈夫曼编码。"

　　"树和编码也能扯上关系？"

　　"听我慢慢道来，假如我有 A、B、C、D、E 五个字符，根据字母出现的频率给出字母的权重，比如分别为 1、2、3、4、5。"

　　"字母出现得越频繁，所占的权重就越大？"

　　"正确，哈夫曼构造了一棵二叉树——所谓二叉树就是一棵根树的每个分支点最多有两个'儿子'——也就是说从树根算起，树的分支不能超过 2。"

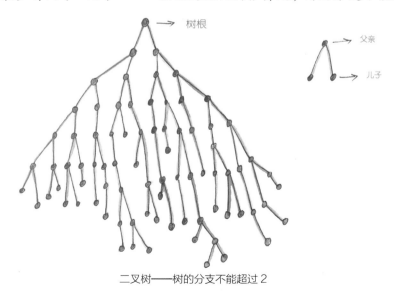

二叉树——树的分支不能超过 2

"明白了！"

"在我们刚才举的例子中，这棵二叉树上将悬挂5片叶子，这5片叶子代表A、B、C、D、E这5个字母。我来画一个，就像这样，你看，有的树叶距离树根远，有的距离树根近，每片叶子到树根的通路长度叫该树叶的层数。把每片树叶的权值乘上各自的层数，再求和，就得到这整棵树的权值，哈夫曼算法将保证这个权值是最小的。"

"妈妈，请再解释一下好吗？"

"就是说可以挂5片树叶的二叉树可能很多，但哈夫曼树是这些树中权值最小的。"

"这跟编码还没扯上关系呢！"

"不急，我们把这棵权值最小的哈夫曼树进行一个编码处理——每个分支左边标上0，右边标上1，这样编码就出来了，A、B、C、D、E的编码分别是000、001、01、10、11。"

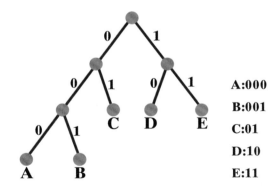

A:000
B:001
C:01
D:10
E:11

"等等，怎么才能得到这棵哈夫曼树呢？"

"哈夫曼树的生成算法也属于贪心算法，原理上跟最小生成树算法很相似，具体的你去看讲义，我不能把什么都讲完，自己领会很重要！"

"好吧。把编码跟树扯上关系，这个构想很……怎么说，很神奇！"

"珀尔曼博士的那句诗'没有哪幅图画比得上树更迷人'，大概也是想表达这个意思吧。树的神奇之处还有很多，你以后再慢慢体会吧。"

"你说是哈夫曼发现了哈夫曼树，还是哈夫曼创造了这棵树？"

"这个，就好像是在问，人们是发现了素数，还是创造了素数？"

"咳，这个问题太大了，换个话题。说起来这个'离散数学'大厦啊，给人感觉像是男人们修建的。"

"什么意思？"

"你书柜里有本书《失落与寻回：为什么没有伟大的女性艺术家》，这个书名是不是可以换一下，把女性艺术家换成女性数学家——你介绍的数学家基本上全是男的。"

"这个，嗯，也不都是男的吧，我可没注意到这个问题啊！"

"你没注意到吧，我注意到了。"

"看这样解释行不行，一般来说，天才的数学家也需要受到良好的、正规的教育，比如欧拉、哈密顿、凯莱，这些人的学习条件，妇女是不具备的——那个时候大学不收女的。所以说，20 世纪之前一名女性要成为一个比较成功的数学家，至少得具备这样几个条件，嗯，我想想……一是父母或丈夫的支持，二是艰难的自学，像索菲·热尔曼（Sophie Germain，1776—1831）、柯瓦列夫斯卡娅（Sofia Vasilievna Kovalevskaya，1850—1891）都是这样的例子。"

"她们是？"

"她们都是18至19世纪杰出的数学家。但完全靠自学而没有人指点，显然也是不靠谱的，她们两个比较幸运，成功之前都遇到了一些数学高人的帮助，具体细节你自己上网去查查。"

"好的。"

"一直到20世纪初，大学讲台仍然排斥有才华的女数学家，据说希尔伯特为这件事曾拍案而起，提醒那些保守的老学究们，大学是学校不是澡堂子！"

"哈哈，真的吗？"

"哦，我想起来了，有一位女士，她的私人数学老师就是发现德·摩根律的数学家德·摩根，她的名字可能在数学史上不常见，但在计算机领域是载入史册的，她是世界上最早的'码农'，她的名字叫艾达·洛夫莱斯（Ada Lovelace，1815—1852）。20世纪70年代，美国国防部花了近20年的时间研发出一种计算机通用程序设计语言，他们将这种语言命名为Ada语言，就是为了纪念这位女士。"

"真没想到最早的程序员是一位女士。"

"这位艾达是英国诗人拜伦的女儿，但她的数学基因大概是来自她的母亲，艾达还参与了当时的一种机械式通用计算机的研制和编程。"

"相当的不一般！"

"2014年，菲尔兹奖有了第一位女性获奖者。"

"真的吗？且慢，让我用手机查一查。"小文刚买了个新手机，也快成一个手机控了。"第一位获得菲尔兹奖的女数学家，玛利亚姆·米尔扎哈尼

（Maryam Mirzakhani，1967—2017）*，她看起来真不像一个数学家——她是伊朗人，她说她小时候的理想是当一名作家。她还说——她的校长给了她很大的帮助。她的校长是一位意志坚定的女性，这位校长确保了女学生可以得到和男学生一样的学习机会。待会再看吧，继续继续。"

"至于你刚才提到的那本书——《失落与寻回：为什么没有伟大的女性艺术家》——这本书的内容我快不记得了，不知道作者对'伟大'一词的定义是怎样的。就我所知，不论是当代的还是已经过世的杰出女艺术家还是不少的，至于杰出的女性数学家，数量就更多了。"

"好吧，我暂且接受。"

"明天，你就要上学去了，我们的离散课程就要结束了。你这会儿有没有感觉到这个世界其实很离散啊？"

"嗯，原来没感觉到，现在有一点了。"

"那小文，我要说世界是离散的，你同意吗？"

"你刚才说的这句话——声音可是连续的哟——物理我还没忘啊。"

"嗯，反应够快，但我要反驳你了，声音是连续的没错，但是计算机对声音的处理还是通过离散的方式进行的呀。"

"好吧，那电流是连续的，对吧？"

"不错，电流是连续的，但是形成电流的电子是离散的，对吧？"

"这我不反对。"

"也许可以这样说，'离散'总是力图以孤立的、单独的元素来描述自

---

*：注：玛利亚姆·米尔扎哈尼（Maryam Mirzakhani）于 2017 年 7 月因病去世。

然界，这些单独的元素就像水边的石块或数字1、2、3，或干脆就是数字0和1，但是，离散的对立面是什么？"

"连续。"

"对，离散的对立面是连续。连续的信号同样也分布在世界的每个角落，电流、压力、温度、声音……无一不是。但是在只认识0和1的计算机的世界里，需要将这些连续的信号统统转换成离散的信号。"

"这样，连续的就变成离散的了？"

"可以这样说。我觉得吧，离散和连续其实是密不可分的。一只一只的鸟是离散的，但鸟的飞行线路却是连续的；一个一个的行星是离散的，但行星的运动轨迹是连续的；一个一个的电子是离散的，但电流是连续的；一个一个的水分子是离散的，但波浪不是连绵不绝的吗？乐谱上的每个音符是离散的，但是演奏出的乐曲是连续的；电影的画面是连续的，其实它们是一个一个离散的胶片投影在你眼前跳过。"

"连续和离散，怎么这么让人纠结。"

"嗯，数学来源于生活，生活本身就让人纠结。不过数学会赋予你新的感觉、新的认识，也许我们可以把离散和连续看作是数学度量这个世界的两把标尺，嗯，也许，还会有其他标尺，谁知道呢——好了，我们的课程就要结束了，但离散的世界其实很大哦，其余的修行就靠你自己了。为了庆贺一下课程'结业'，我们晚上去江边的那家'江鱼人家'吃如何……"

一只一只的鸟是离散的，但鸟的飞行轨迹是连续的
一个一个的水分子是离散的，但波浪是连绵不绝的
离散和连续，其实是密不可分的……

妈妈的来信

转眼小文已经是大一的新生了，新的城市、新的校园既让人不安，又让人觉得兴奋，军训、社团、新课程、新朋友……每天的生活是那么忙乱。

这天小文收到妈妈发过来的一封邮件，下面是邮件的内容：

小文：

大学生活感觉怎样，在寝室就能看到大海，感觉一定很棒吧？

你推荐的几本书我看完了，太宰治的《御伽草纸》还不错，夏目漱石的《猫》一般，感觉写得太冗长啰嗦了。

村上春树的小说我实在是看不下去啊，但实话说他的这本《当我谈跑步时，我谈些什么》还是相当不错的，我喜欢。

下面这段话就是引用这本书里的：

"海明威好像也说过类似的话：持之以恒，不乱节奏，对于长期作业实在至为重要。一旦节奏得以设定，其余的问题便可迎刃而解。然而要让惯性的轮子以一定的速度准确无误地旋转起来，对待持之以恒，何等小心翼翼，都不为过。"

小文，大学校园不同于高中，课外活动貌似多如牛毛，再没有人扮演逼着你学的角色，诸如此类，搞不好就分不清主次。

请制定一些近期和长期的目标，然后让自己朝着目标"以一定的速度旋转起来"吧，如果你觉得坚持很难（有的时候把电脑打的字转化为实际的行动是有点难），那么想想村上的每天 10 公里跑步吧。

既然你这么喜欢村上的书，那这里再摘一段他的随笔？

"世上的人终其一生，都在寻求某个宝贵的东西，然而能找到的人不多，但是，我们必须继续寻求……"

小文，其实我也不清楚那个宝贵的东西是什么（有可能村上自己也不知道，嘿嘿），可以是房子车子，或者好的工作，也可以是爵士乐，好像也可以都不是。

我觉得我好像没有资格给你制定一个什么目标，但我还是希望你一直去寻求，就像康托尔寻求关于无穷的答案，哈密顿寻求四元数一样，不过在寻找的过程中，也希望你能像凯莱那样去热爱生活。

话题好像有点远了，最近学校的事情较忙，现在大学老师也越来越不好当了。

另外，还要告诉你一件事情，你走之后，丽仔不知什么原因喜欢上外出流浪了。这不，现在它还没回来。刚开始，我跟你爸爸还费心费力四处去找，现在也见怪不怪了。不过，我有点担心这只调皮的三脚猫会不会有一天不回来了。

暑假的"离散课程"你自己还在继续吗，离散的世界如此之大，其实我们只聊了一点皮毛呢。

如果你愿意，也许你寒假回来我们又可以继续"离散"的话题，哈哈。

就此停笔，附上丽仔近照一张，祝愉快！

尾声

所谓"妈妈的来信"是我后来自作主张、改头换面添加上去的，里面的主要内容是我读大一的时候爸爸发给我的一封信。我这样做，爸爸也没有多说什么。

听妈妈说，最近这半年爸爸的身体差多了。昨天是星期六，我和女儿一起坐高铁去看望他们，本来我还打算带上乒乓球拍，跟爸爸切磋一下的，但妈妈说他已经很久没有打乒乓球了，我就带上了还在校对的书稿——《离散的世界——那个夏天，我们一起谈论离散数学》——就是您现在正在看的这本书最后选用的书名。这本书马上就要正式出版了，爸爸听到这个消息一定会很高兴的。

我想等女儿再大一点，我也会跟她聊聊这个离散的世界，告诉她有这样一门数学——它的名字叫作"离散数学"。

致谢和结束语

　　我要真诚地感谢很多朋友、老师、同学，他们给我提出了很多有益的建议，给了我莫大的鼓励。

　　首先，我要感谢我的两位好朋友：邢光林老师和骆婷老师，邢光林老师先后两次对书稿进行了仔细的批阅，第一次批改完他说的一句"这是黎明前的黑暗"，让我印象十分深刻。记得他第二次批改完我去取稿子的那天，他又请大家吃了顿饭。

饭桌上，他手一挥："比上次强多了！"话虽如此，他再次用火眼金睛帮我挑出诸多错误。感谢骆婷老师，从她那里，我总能得到诸多启发，我们每一次的交流都是我改稿的动力来源。

感谢李泳老师，大概是2014年的一天，编辑转发给我一封邮件，在这封邮件中，李泳老师对当时完成的第一章进行了非常详细的批阅，满目飘红的批注意见让我至今记忆犹新，李泳老师的意见和建议非常专业、中肯，虽然所提要求非常之高，让我觉得难以企及，但他提出的"解放思想"，"抛弃教科书，让知识回归生活"成为我后期改稿的指导思想。后来，他还对本书的其他章节给出了很多很好的建议。总之，李泳老师是一位我非常尊敬和感激的、尚未谋面的良师。

感谢沈华老师，寻找出版社的过程并不顺利，她向我推荐了湖南科学技术出版社，并一直给我鼓励、加油，同时也给我提供了很多很好的修改意见。

感谢王瑞民老师，我在书中没有解释清楚的概念，瑞民老师给出了详尽的说明和补充，帮我想了很多生动的例子。书中"爸爸的爷爷和爷爷的爸爸是同一个人吗"相关章节就是来源于他的创意。他还帮我想了一个创意：小文和妈妈来到黄鹤楼下，从"黄鹤一去不复返，白云千载空悠悠"的诗句引出集合"空集"的概念，考虑到后一个创意实现起来难度有点大，可惜被我放弃了。瑞民老师还极其认真地对书稿的很多地方进行了文字润色，纠正了许许多多的语法错误、错别字和标点符号！严谨的作风让我汗颜。

离散的对象在计算机领域应用之广，是我个人能力所不能及的，这样的例子很多，在这方面我要感谢胡延忠、康瑞华、吴非、阮鸥、林姗、徐丽老师，感谢你们在繁忙的工作之余提出的诸多宝贵意见。

感谢张修洋、李啸侠同学，在他们的建议下，本书的一些章节进行了大幅度的修改。感谢刘畅、黄悦、周淑悦、张晨同学，她们站在书中人物"小文"的角度审阅了全书的对话部分，并提出了宝贵意见。

感谢夏倩老师在她的专业领域内给予的指点。

感谢致远小朋友给本书提供了一张"小文骑单车"的插图，书中第170面的插图是他的作品。

说到插图，我要感谢彭芬老师，感谢她在绘画技巧方面给予的指导以及对插图设计给予的中肯意见和建议。

感谢我的母亲在我小的时候对我的美术启蒙，也许正是这个原因，让我不知深浅地决定自己设计插图。虽然后来发现这件事的难度远远超出预期，但这前前后后算是一份有趣而特别的经历。

感谢肖悦同学承担了本书的电脑绘图工作，书中（特别是第四章）大量点和线的构图、颜色搭配、手绘图的对话框……都凝聚了她的创意。这是一项很费时的工作，需要很好的耐心，这些绘图是本书的重要组成部分。在书稿的后期修改中，她已经大四，仍然在十分有限的空余时间里完成插图的修改。陈屹凇、王莹同学也参与了本书插图的后期处理工作，在此表示衷心的感谢。

如何将手绘的图"无损"地变成电子文档，这个问题一度让我很苦恼，感谢我的好朋友吴非，耐心地帮我尝试了单反拍摄和扫描，最终找到了比较理想的方案。

不管是手绘图的后期处理还是电脑绘图，都涉及很多图形处理方面的专业知识，非常感谢周靖老师在这方面给予的大力帮助和指导。书中"求扫雪路径的最小生成树"还经过了周靖老师的后期处理，让原图增色不少，在此表示衷心的感谢。

感谢俞志高先生在图形处理方面给予的意见和建议。

感谢我的编辑吴炜老师，没有她有力的支持，本书的出版是不可能的，她的敬业作风让我对编辑工作充满敬意。

感谢张紫云同学，你是本书的第一位读者、最老版本插图的作者、插图设计中一些人物姿态的模特、书中很多内容的第一个听众，帮我改了许许多多的语法错误，也提出了诸多修改意见……是我写作过程中最持久的支持者，给了我很大的帮助，在此我把这本书献给我的第一位读者。

感谢张正文老师，虽然他老说我写这本书是不务正业，但每当需要用 VISIO 软件绘图，他总是二话不说帮我代劳。

最后，我要衷心感谢我的导师洪帆教授。开始我很担心，作为一位治学严谨、多年从事离散数学教学、出版过多部离散数学教材的老教授，洪老师会怎样看待我写的书呢？犹豫了很久之后，趁着有一年的教师节，我给洪老师打电话，想请她看看我写的这本小册子，洪老师欣然应允。几周之后，我再次来到洪老师家，当我翻看老师批阅的时候，发现她还像以前给我们改论文那样，用铅笔在书中批注问题，并附白纸一张——第几章第几面有哪些问题……那天，老师既给了我鼓励，同时也对每一章都给出了详细的意见和建议，并特别指出，一些数学概念不加解释就"突然"出现是不妥的，并对如何在不出现严格定义的情况下用通俗易懂的方式解释数学概念，谈了她的见解，让我很受启发；洪老师还提出一些很具体的建议，比如让刚进校的新生看看提意见……可能在这之前，我还有种错觉：这本书快写完了，从洪老师家出来我才发现：完稿吗？远远还没有呢！

本书从动笔到完成，断断续续，花了不短的时间。写作过程中，我发现作为一个从未接触过科普写作的人来说，很多事情是看起来容易，其实困难重重，但我非常幸运，得到了这么多人的帮助，正是有了各位老师、朋友们、同学们的帮助，这本书才得以顺利出版。我无法想象没有他们的帮助，这本书会是什么样子。这里我要真诚地说：谢谢你们！

　　现在，这本小书即将面对它的读者，我心中十分不安。我觉得要写好这本书，作者需要具备扎实的数学、计算机功底，在写作上还需要有流畅、具有叙事风格（最好再加上一点幽默）的文笔，插图设计方面需要具备融汇多种风格的专业画功，此外图片数字处理的能力也相当重要，而这些都是我本人不具备的。也正是这个原因，纵我尽了很大的努力，这本书最后的呈现效果并没有达到我心中的预期，也没有描绘出我心中那个精彩的"离散世界"，此外书中难免还会存在一些不妥和错误之处，恳请读者批评指正。

参考文献

[1] [美] 阿米尔·艾克塞尔. 神秘的阿列夫 [M]. 左平, 译. 上海: 上海科学技术文献出版社, 2008.

[2] 李文林. 文明之光——图说数学史 [M]. 济南: 山东教育出版社, 2005.

[3] [美] 迈克尔·J.布拉德利. 数学的奠基 1800—1900 [M]. 杨延廷, 译. 上海: 上海科学技术文献出版社, 2006.

[4] [意] 伽利略. 关于两门新科学的对话 [M]. 武际可, 译. 北京: 北京大学出版社, 2006.

[5] [美] Kenneth H.Rosen. 离散数学及其应用 [M]. 袁崇义, 屈婉玲, 张桂芸, 等译. 北京: 机械工业出版社, 2007.

[6] [美] John A.Dossey, Albert D.octo, Lawrence E.Spence, 等. 离散数学 [M]. 章炯明, 王新伟, 曹立, 译. 北京: 机械工业出版社, 2007.

[7] 洪帆. 离散数学基础 [M]. 武汉: 华中科技大学出版社, 2008.

[8] [美] 詹姆斯·格雷克. 信息简史 [M]. 高博, 译. 北京: 人民邮电出版社, 2013.

[9] 吴鹤龄, 崔林. 图灵和 ACM 图灵奖 [M]. 北京: 高等教育出版社, 2012.

[10] 戴牧民, 陈海燕. 公理集合论导引 [M]. 北京: 科学出版社, 2011.

书中小文做的部分思考题答案

逻辑趣题:

1 A 骑士 B 流氓;

2 金币在 B 盒;

3 无法判断打造珠宝盒的人是说真话的人还是说假话的人,这是一个悖论;

4 照片里的人是男子的父亲。

第 129 页欧拉图中的一条欧拉回路:

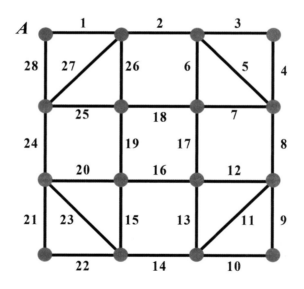

196页扫雪路径的一种（采用最小生成树算法）：

图书在版编目（CIP）数据

离散的世界：那个夏天我们一起谈论离散数学 / 陈卓编著 . — 长沙：湖南科学技术出版社，2020.12
ISBN 978-7-5710-0624-2

Ⅰ. ①离… Ⅱ . ①陈… Ⅲ . ①离散数学 – 普及读物Ⅳ . ① 0158-49

中国版本图书馆 CIP 数据核字 (2020) 第 118459 号

LISAN DE SHIJIE：NAGE XIATIAN WOMEN YIQI TANLUN LISANSHUXUE
离散的世界：那个夏天我们一起谈论离散数学

编著	**邮编**
陈卓	410153
策划编辑	**版次**
吴炜　孙桂均　李蓓　杨波	2020 年 12 月第 1 版
责任编辑	**印次**
吴炜	2020 年 12 月第 1 次印刷
出版发行	**开本**
湖南科学技术出版社	787mm×1092mm　1/20
社址	**印张**
长沙市湘雅路 276 号	$11\frac{2}{3}$
湖南科学技术出版社	
天猫旗舰店网址	**字数**
http://hnkjcbs.tmall.com	177 千字
印刷	**书号**
长沙市雅高彩印有限公司	ISBN 978-7-5710-0624-2
厂址	**定价**
长沙市开福区中青路1255号	58.00 元